农村科技口袋书

蔬菜优质高效生产新技术

中国农村技术开发中心 编著

中国农业科学技术出版社

图书在版编目（CIP）数据

蔬菜优质高效生产新技术 / 中国农村技术开发中心
编著. —北京：中国农业科学技术出版社，2018.11
ISBN 978-7-5116-3616-4

Ⅰ.①蔬…　Ⅱ.①中…　Ⅲ.①蔬菜园艺　Ⅳ.①S63

中国版本图书馆 CIP 数据核字（2018）第 083552 号

责任编辑　史咏竹
责任校对　马广洋

出　　版	中国农业科学技术出版社
	北京市中关村南大街 12 号　　邮编：100081
电　　话	（010）82105169（编辑室）
	（010）82109702（发行部）　（010）82109709（读者服务部）
传　　真	（010）82106626
网　　址	http://www.castp.cn
经　　销	各地新华书店
印　　刷	北京科信印刷有限公司
开　　本	880mm×1230mm　1/64
印　　张	5.0625
字　　数	165 千字
版　　次	2018 年 11 月第 1 版　　2018 年 11 月第 1 次印刷
定　　价	9.80 元

编写人员

主　编：王秀峰　王振忠　鲁　淼

副主编：关慧明　李建设　魏　珉　袁祖华

　　　　周　强　董　文　邱天龙

编　者：（按姓氏笔画排序）

　　　　马永生　王　飞　王利春　王根奇

　　　　田丽波　史庆华　巩　彪　曲红云

　　　　曲继松　乔　康　刘明池　杜胜利

　　　　李　岩　李　波　李　敏　李友丽

　　　　李雪峤　李建华　李清明　杨　宁

　　　　杨小锋　杨凤娟　杨晋明　杨铁民

　　　　吴月燕　张　宇　张　涛　张　斯

　　　　张亚红　张全发　张剑国　张雪艳

　　　　陆新德　陈艳丽　武占会　季延海

金玮玲	赵　娜	赵云霞	郝科星
钟　勇	姚明华	莫天利	顾　沁
殷武平	高艳明	郭文忠	黄台明
黄如葵	黄咏明	黄熊娟	曹　明
曹云娥	崔　瑜	崔世茂	阎永康
盖希坤	梁家作	隋申利	彭　莹
董建民	蒋　强	蒋国斌	焦彦生
童　辉	廖道龙	谭新球	

前　言

　　为了充分发挥科技服务农业生产一线的作用，将现今适用的农业科技新技术及时有效地送到田间地头，更好地使"科技兴农"落到实处，中国农村技术开发中心在深入生产一线和专家座谈的基础上，紧紧围绕当前农业生产对先进适用技术的迫切需求，立足国家科技支撑计划项目产生的最新科技成果，组织专家力量，精心编印了小巧轻便、便于携带、通俗实用的"农村科技口袋书"丛书。

　　《蔬菜优质高效生产新技术》筛选凝练了国家科技支撑计划"蔬菜优质高效生产关键技术研究与示范（2014BAD05B00）"项目实施取得的新技术，旨在方便广大科技特派员、种养大户、专业合作社和农民等利用现代农业科学知识、发展现代农业、增收致富和促进农业增产增效，为保障国家粮食安全和实现乡村振兴做出贡献。

"农村科技口袋书"由来自农业生产、科研一线的专家、学者和科技管理人员共同编制，围绕着关系国计民生的重要农业生产领域，按年度开发形成系列丛书。书中所收录的技术均为新技术，成熟、实用、易操作、见效快，既能满足广大农民和科技特派员的需求，也有助于家庭农场、现代职业农民、种植养殖大户解决生产实际问题。

在丛书编制过程中，我们力求将复杂技术通俗化、图文化、公式化，并在不影响阅读的情况下，将书设计成口袋大小，既方便携带，又简单实用，便于农民朋友随时随地查阅。但由于水平有限，不足之处在所难免，恳请批评指正。

编　者

2018 年 10 月

目　录

第一章　优质高效蔬菜新品种

第二章　新设施新设备

第四章　蔬菜优质高效安全生产新技术

第一章
优质高效蔬菜新品种

砧木品种

西方番茄

特征特性

抗病能力强，抗烟草花叶病毒、黄萎病、枯萎病、根腐病、根结线虫病、细菌性叶斑病、番茄黄化曲叶病 TY3、青枯病和高抗叶霉病；可克服连作障碍；亲和性好，不早衰，嫁接后植株可周年栽培；可使产量提高，对果实品质影响小，商品性好。

技术要点

（1）砧木提前接穗品种 5～7 天播种。

（2）播种前晾晒 3～5 h，50℃热水浸种，迅速搅拌后浸泡 12 h 播种。

（3）当砧木和接穗分别长有 3～4 片真叶、茎粗 0.3～0.5 cm，砧木株高 12～15 cm、番茄苗高 10～12 cm 时，选择晴天在遮光条件下进行嫁接。

适宜地区

适于北方日光温室、大棚多层覆盖越冬及春

提早种植。

注意事项

夏季可直播，冬季适合催芽后再播。

技术来源：山东寿光欧亚特菜有限公司

咨询人与电话：赵娜　15689222027

铠甲 3880 黄瓜

特征特性

本品种来自山东润鹏种苗有限公司。为白籽南瓜，千粒重约 150 g，种子饱满，发芽率整齐一致，子叶黑绿，胚轴浓绿充实，具有较强的嫁接亲和力和共生亲和力，适应性强，前期耐低温能力强，后期抗高温、抗早衰。坐瓜率高，瓜条顺直，去蜡粉。

技术要点

（1）采用插接或双断根嫁接。

（2）砧木比接穗早播 3～5 天。

（3）催芽前先将种子晾晒 3～5 小时，然后置入 65 ℃热水中，迅速搅拌降温至 40 ℃左右，然后自然冷却浸种 24～36 小时，催芽播种。

（4）播种后浇透水，保持白天温度 28～30 ℃，夜间 16～18 ℃，幼苗出土后，白天 22～25 ℃，夜间 16～18 ℃。当第一片真叶展平时即可嫁接。

（5）嫁接后前 3 天，苗床空气相对湿度保持在 90%～95% 以上，在苗床的棚膜上覆盖黑色遮阳网，晴天全天遮光，温度白天保持 25～28 ℃，夜间 18～20 ℃；3 天后视苗情逐渐增加通风换气量和见光时间。6～7 天后，嫁接苗不再萎蔫，转入正常管理，湿度控制在 50%～60%，白天温度 22～28 ℃，夜间温度 16～18 ℃。

适宜地区

华东、华中、华北、东北和西北地区。

注意事项

本品种为黄瓜专用砧木，不可嫁接其他瓜类蔬菜；嫁接苗成活后，要及时摘除砧木的萌芽；本品种是一代杂交种，不可留种。

技术来源：山东农业大学

咨询人与电话：史庆华　0538-8249907

雪铁龙甜瓜

特征特性

本品种来自山东润鹏种苗有限公司。为白籽南瓜，千粒重约 185 g，种子饱满，发芽率整齐一致，与薄皮甜瓜亲和力好，共生能力强。具有较强的抗寒能力，适合秋延迟和早春栽培。对甜瓜品质无不良影响。

技术要点

（1）采用插接法嫁接。

（2）砧木比接穗早播 3～5 天。

（3）催芽前先将种子晾晒 1～2 天，在 50～55 ℃温水中浸种 15～20 min，边浸边搅拌，洗净晾干后再在室温下浸种 6～8 h，洗净种皮上的黏液后催芽播种。

（4）播种后浇透水，保持白天温度 28～30 ℃，夜间 16～18 ℃，幼苗出土后，白天 22～25 ℃，夜间 16～18 ℃。当两片子叶展平，第一片真叶直径 2～3 cm 时即可嫁接。

（5）嫁接后前 3～5 天，苗床空气相对湿度保持在 90% 以上，在苗床的棚膜上覆盖黑色遮阳网，晴天全天遮光，温度白天保持 25～38 ℃，夜间 18～20 ℃；6～7 天后，嫁接苗不再萎蔫，转入正常管理，湿度控制在 50%～60%，白天温度 22～28 ℃，夜间温度 15～18 ℃。

适宜地区

全国各地。

注意事项

本品种为甜瓜专用砧木，不可嫁接其他瓜类蔬菜；嫁接苗成活后，要及时摘除砧木的萌芽；本品种是一代杂交种，不可留种。

技术来源：山东农业大学

咨询人与电话：史庆华　0538-8249907

铠甲一号西瓜

特征特性

本品种来自山东润鹏种苗有限公司。为白籽南瓜，千粒重约 200 g，籽粒饱满，发芽整齐，下胚轴粗壮，与西瓜亲和力强、成活率高，膨瓜迅速，不易空心，对西瓜品质无不良影响。抗早衰，高抗枯萎病等土传病害。具有较强的耐盐性。

技术要点

（1）采用插接或双断根嫁接。

（2）冬春季育苗砧木比接穗提早播种 5～7 天，秋季育苗提早 3～5 天。

（3）催芽前先将种子晾晒 3～5 h，然后置入 65 ℃热水中，迅速搅拌降温至 40 ℃左右，然后自然冷却浸种 36～48 h，催芽播种。

（4）播种后浇透水，保持白天温度 28～32 ℃，夜间 18～20 ℃，幼苗出土后，白天 22～25 ℃，夜间 16～18 ℃。当第一片真叶占平时即可嫁接。

（5）嫁接后前 2～3 天，苗床空气相对湿度保持在 95% 以上，在苗床的棚膜上覆盖黑色遮阳网，晴天全天遮光，温度保持在 20～28 ℃。3 天以后视苗情逐渐增加通风换气时间，早晚可见光。6～7 天后，嫁接苗不再萎蔫，转入正常管理，湿度控制在 60% 左右，白天温度 22～30 ℃，夜间温度 16～20 ℃。

适宜地区

河北省、山东省、河南省、黑龙江省、吉林省、辽宁省。

注意事项

本品种为西瓜专用砧木，不可嫁接其他瓜类蔬菜；嫁接苗成活后，要及时摘除砧木的萌芽；该品种是一代杂交种，不可留种。

技术来源：山东农业大学

咨询人与电话：史庆华　0538-8249907

设施优质专用品种

宝粒源 3 号番茄

特征特性

品种来自山东寿光欧亚特菜有限公司。无限生长型粉果番茄，植株长势旺盛，大叶片，单果重 240～280 g，硬度高，深粉色，颜色亮丽。抗TY 病毒、抗镰刀菌根腐病、抗灰叶斑。

技术要点

（1）培育无病壮苗：合理配制营养土，进行床土消毒，避免土传病害，播种后加强苗期管理，保持床土见干见湿，防止徒长，定植前 10 天，开始逐渐加大放风量炼苗。

（2）定植：定植前施足底肥，底肥以有机肥为主。定植密度为大行距 90 cm，小行距 60 cm，株距 50 cm，每亩（1 亩≈667 平方米，全书同）定植 2 000 株左右。

（3）加强田间管理：可采用单杆整枝或双杆整枝，在植株 30 cm 以上时，及时吊蔓，生长过程中要及时打杈、点花、疏果，每穗果留 4 个果实，每株留5～6穗果。根据土壤墒情适时浇水，进入结果期后，结合浇水，冲施高钾水溶肥。加强病虫害防治，番茄病害主要有灰霉病、霜霉病、灰叶斑、病毒病，虫害有白粉虱。

适宜地区

适宜北方秋延、晚春茬口保护地栽培。

注意事项

易坐果，应及时疏花、疏果。

技术来源：山东寿光欧亚特菜有限公司
咨询人与电话：赵娜　15689222027

佳美 3 号辣椒

品种来源

佳美 3 号的母本 XSSW-M-2 是以色列 FAR-3×长阳地方种 75-1 后代经过多代系统定向选育而成小果形长灯笼椒自交系，父本 LAWS-M-2 是从南非 MIRO 分离后代经过多年定向选育出的综合性状优良的大果形灯笼椒自交系。定名为佳美 3 号，商业推广名"薄皮王"。2016 年 6 月通过湖北省农作物品种委员会认定（鄂审菜 2016003），2018 年 4 月通过国家非主要农作物品种登记［GPD 辣椒（2018）420394］。

特征特性

鲜食杂交辣椒品种。植株生长势较强，株高 90 cm，开展度 66 cm；叶片卵圆形，少茸毛，分枝性较强，分枝处有紫色斑块；始花节位 9～11 节，花冠白色，花萼平展；坐果力较强，果实长灯笼形，果色浅绿，果面有褶皱，3 心室，肉质脆，味微辣，果长 12 cm 左右，横径 4.3 cm 左右，单果重 50 g 左右，田间表现为中抗 CMV、抗

TMV、中抗炭疽病、中抗疫病，较耐低温。维生素 C 含量 238.5 mg/kg，辣椒素含量 0.002%，蛋白质含量 1.18%。

技术要点

平原地区早春大棚栽培 10 月上中旬播种，翌年 2 月中下旬定植；秋季栽培 6 月下旬至 7 月上旬播种，8 月中旬定植；高山地区栽培 3 月下旬至 4 月上旬播种，5 月中旬定植。采用高畦双行单株定植，亩定植 3 500 株。底肥以有机肥为主，配合施用复合肥。定植后保持土壤湿润，中后期加强肥水管理和培土。延秋栽培及时扣棚，多层保温防冻。

适宜地区

适于湖北省平原地区作早春、延秋大棚栽培及高山露地栽培。

注意事项

重点防治疮痂病、疫病、炭疽病等病害，以及蚜虫、烟青虫等虫害。

技术来源：湖北省农业科学院经济作物研究所
咨询人与电话：王飞　027-87380819

黄金龙线椒

特征特性

品种来自山东寿光欧亚特菜有限公司。早熟高秧型一代交配，果实黄绿色，光滑顺直，发亮，红果亮丽鲜艳，高辣型，香味浓，果长 28～33 cm，直径约 1.5 cm；抗辣椒病毒病，疫病。耐重茬，结果多，产量高，一般亩产 4 000 kg 左右。

技术要点

（1）培育无病壮苗：合理配制营养土，进行床土消毒，避免土传病害，播种后加强苗期管理，保持床土见干见湿，防止徒长，定植前 10 天，开始逐渐加大放风量炼苗。

（2）定植：定植前施足底肥，底肥以有机肥为主。定植密度为大行距 90 cm，小行距 60 cm，株距 50 cm，每亩定植 2 000 株左右。

（3）加强田间管理：刚定植 3～4 天内，温度 30 ℃左右；缓苗后通风降温，白天 20～25 ℃，夜间 15～17 ℃；结果期，白天 25～28 ℃，夜间 15～17 ℃。采用多杆整枝法，在植株 30 cm 以上时，及时吊蔓，生长过程中要及时打杈。根据土壤墒情适时浇水，进入结果期后，结合浇水，冲施高钾水溶肥。加强病虫害防治，辣椒病害主要有炭疽病、软腐病、青枯病、疫病、病毒病，虫害有螨类、蚜虫。

适宜地区

适于北方日光温室、大棚多层覆盖越冬及春提早种植。

注意事项

高产型线椒品种，应保证充足的肥水供应，及时防治病虫害，一般亩栽 2 000 株左右，门椒以下侧枝全部摘除。

技术来源：山东寿光欧亚特菜有限公司
咨询人与电话：赵娜　15689222027

宝威一号尖椒

特征特性

品种来自山东寿光欧亚特菜有限公司。早熟杂交品种，始花8～9片叶，植株长势强，抗病性强，不早衰，耐低温，耐弱光能力强，果长26～36 cm，单果重120～160 g，连续坐果能力强，膨果速度快，果皮黄绿色，果面光滑，果肉厚，耐运输，亩产高达7 000 kg以上，适合保护地及露地种植。

技术要点

（1）培育无病壮苗：合理配制营养土，进行床土消毒，避免土传病害，播种后加强苗期管理，保持床土见干见湿，防止徒长，定植前10天，开始逐渐加大放风量炼苗。

（2）定植：定植前施足底肥，底肥以有机肥为主。定植密度为大行距90 cm，小行距60 cm，株距40 cm，每亩定植2 400株左右。

（3）加强田间管理：刚定植3～4天内，温度30 ℃左右；缓苗后通风降温，白天20～25 ℃，夜间 15～17 ℃；结果期，白天 25～28 ℃，夜间 15～17 ℃。采用多杆整枝法，在植株 30 cm 以上时，及时吊蔓，生长过程中要及时打杈。根据土壤墒情适时浇水，进入结果期后，结合浇水，冲施高钾水溶肥。加强病虫害防治，辣椒病害主要有炭疽病、软腐病、青枯病、疫病、病毒病，虫害有螨类、蚜虫。

适宜地区

适于北方日光温室及拱棚种植。

注意事项

高产型辣椒品种，应保证充足的肥水供应，及时防治病虫害，一般亩栽 1 800 株左右，门椒以下侧枝全部摘除。

技术来源：山东寿光欧亚特菜有限公司
咨询人与电话：赵娜　15689222027

龙绿 2 号黄瓜

特征特性

华北型杂交种。植株长势较强，主蔓结瓜为主，节间中长，分枝性较弱，叶片深绿色、中等大小，第一雌花着生于主蔓第四节左右，瓜码较密。果实棒状，果皮深绿，瓜长中等 32~35 cm，刺瘤白色、小瘤较密，瓜条顺直；种子腔小，果肉浅绿、清香味浓。耐低温、弱光，早熟性突出，具有单性结实能力。亩产量为 10 000 kg。

技术要点

采用大垄双行栽培，垄宽 120 cm，行距 60 cm，株距 35 cm，亩保苗 3 000 株左右。喜肥水，亩施腐熟的有机肥 5 000 kg，种肥施磷酸二铵 20 kg、钾肥 10 kg 为好。育苗时注意苗龄不要过长，30 天左右即可。

适宜地区

黑龙江省、吉林省、内蒙古（内蒙古自治区，全书简称内蒙古）东部及相似生态地区的保护地种植。

注意事项

忌久旱、水淹，植株缺肥，以防产生商品性差的果实；栽培过程中注意水肥管理，及时采收根瓜，及时防治病虫害，防大于治。

技术来源：黑龙江省农业科学院园艺分院

龙早 1 号黄瓜

特征特性

华南型杂交种。雌性型植株，长势中等，早熟性突出，主蔓结瓜为主，节间中长，分枝性较弱，叶片中绿色，中等大小，果实纺锤形，瓜条顺直，瓜长 22 cm 左右，果皮浅绿，白刺稀少，果肉浅绿，清香味浓。具有单性结实力，丰产性好。亩产量 8 000 kg 左右。

技术要点

哈尔滨地区塑料大棚一般定植期在 4 月中下旬，温室或多层覆盖大棚可提前，保护地温度基本稳定在 8 ℃以上即可定植，提前 25～30 天播种育苗。适合早春保护地高畦栽培。播种密度每亩 3 200 株左右。

注意事项

栽培中后期，通过叶面喷施和随水冲施进行及时追肥。在栽培过程中要适时搭架、绑蔓、追肥、灌水。及时采收根瓜，否则易出现根瓜坠秧，导致后期结瓜能力大幅度降低，对于长势弱的植株根瓜要在膨大前摘除。盛瓜期需每天采收 1 次。注意进行病虫害防治。

技术来源：黑龙江省农业科学院园艺分院

科润 99 黄瓜

特征特性

品种来自天津科润农业科技股份有限公司黄瓜研究所。该品种植株长势强，叶片中等大小，主蔓结瓜为主，品种适应性强，瓜码密，连续结瓜能力强，总产量高，商品性突出，短把密刺，瓜条顺直，腰瓜长 35 cm 左右。本品种早熟性较好，耐低温弱光能力较强，抗病能力较强。适宜早春温室及春秋大棚栽培。

技术要点

（1）适期播种，每亩栽 2 800~3 000 株。施足底肥，勤浇水追肥，及时采收。早春温室栽培建议 11 节后开始留瓜。

（2）品种丰产性好，且雌花节率高，需要及时采收，避免同时留多条瓜，增强肥水管理。

（3）适宜种植季节：秋延保护地栽培一般为 8 月 15 日至 9 月 15 日定植。早春保护地栽培一般为 12 月 15 日至 3 月 15 日定植。

适宜地区

山东省及华北地区。

注意事项

（1）黄瓜常见虫害为蚜虫、茶黄螨及红蜘蛛，中后期加强病虫害防治。

（2）因各地气候环境不同，建议种植户在每年播种时间栽培管理上根据当地的实际情况科学安排，也可以在种植前咨询天津科润农业科技股份有限公司黄瓜研究所。

（3）本品种为杂交一代，不可留种栽培。在干燥阴凉处保存。

技术来源：天津科润农业科技股份有限公司黄瓜研究所

咨询人与电话：李波　022-23005585

津优 315 黄瓜

特征特性

品种来自天津科润农业科技股份有限公司黄瓜研究所。该品种长势强，叶片中等大小。瓜条顺直、瓜色深绿，光泽度好，腰瓜长 35 cm 左右，单瓜重 220 g 左右，商品性好。膨瓜快，连续结瓜能力强，不早衰。本品种前期、中前期产量高、后期产量稳定，抗霜霉病、白粉病及枯萎病，中抗褐斑病，耐低温弱光，适合越冬、早春温室、春秋大棚栽培。

技术要点

（1）生产最好采用高畦栽培方式，定植前施足底肥。

（2）生理苗龄 3 叶 1 心时定植，定植植缓苗后及时浇缓苗水并适时进行中耕，植株正常生长以后，视其生长情况适当进行追肥浇水。

（3）本品种瓜码密，一般不再喷施增瓜灵。必要时可进行疏瓜，保证营养生长与生殖生长协调。

（4）适宜种植季节：越冬茬栽培 9 月 25 日至

10 月 15 日。

适宜地区

华北地区，其他地区根据气候及栽培条件参考种植。

注意事项

（1）黄瓜常见虫害为蚜虫、茶黄螨及红蜘蛛，中后期加强病虫害防治。

（2）因各地气候环境不同，建议用户在每年播种时间栽培管理上根据当地的实际情况科学安排，也可以在种植前咨询我所。

（3）本品种为杂交一代，不可留种栽培。在干燥阴凉处保存。

技术来源：天津科润农业科技股份有限公司黄瓜研究所

咨询人与电话：李波　022-23005585

津优 316 黄瓜

特征特性

品种来自天津科润农业科技股份有限公司黄瓜研究所。该品种主蔓结瓜为主，植株长势强，中小叶片，节间短，叶色绿，瓜码密，瓜条生成速度快，龙头旺，不易早衰。腰瓜 35 cm，皮色深绿，光泽度好，无棱密刺，果肉淡绿，商品性佳。耐低温弱光，连续坐果能力强，产量均衡，前期产量稳定，中后期产量突出。适宜我国北方地区越冬温室及早春温室、早春大棚栽培。

技术要点

（1）播期不宜过早，1 叶 1 心后，可通过降低夜温增加瓜码，不宜长期低温蹲苗。

（2）生产上可采用嫁接栽培技术以增强根系。

（3）该品种为高产品种，需肥水较多，施足底肥，中后期加大肥水量，并进行叶面追肥，商品瓜及时采收，以免坠秧。

（4）适宜种植季节：越冬栽培 9 月 25 日至 10 月 15 日。早春栽培 12 月 15 日至 2 月 15 日。

其他地区参考温度气候条件适当确定播期。

适宜地区

天津市、黑龙江省、山西省、河南省。

注意事项

（1）种子受自然因素及人为管理因素影响较大，要根据不同外部气候条件和栽培技术水平参考栽培要点灵活管理，病虫害应遵循以防为主，综合防治的原则。

（2）因各地气候环境不同，建议种植户在每年播种时间栽培管理上根据当地的实际情况科学安排，也可以在种植前咨询天津科润农业科技股份有限公司黄瓜研究所。

技术来源：天津科润农业科技股份有限公司黄瓜研究所

咨询人与电话：李波　022-23005585

津优 336 黄瓜

特征特性

品种来自天津科润农业科技股份有限公司黄瓜研究所。该品种植株生长势强，中等叶片大小。主蔓结瓜为主，雌花节率高、坐瓜能力强，瓜条生长速度快。瓜条棒状，顺直，瓜长 35 cm 左右。瓜把短，瓜色深绿，光泽度好，刺瘤密，无棱，果肉淡绿，口感脆甜。本品种耐低温弱光，抗性较好，丰产性好，总产量高，适宜越冬、早春日光温室栽培。

技术要点

（1）适时播种，培育壮苗。生产上可采用嫁接技术，以增强根系，提高抗土传病害和耐低温能力。

（2）丰产潜力大，施足底肥，勤追肥，商品瓜及时采收，以免坠秧。

（3）低温期，应尽量增加光照，保持黄瓜正常光合作用。

（4）适宜种植季节：越冬早春在 9 月 25 日至

1月25日。其他地区参考当地气候条件适当确定播期。

适宜地区

山东省、山西省。

注意事项

（1）种子受自然和人为因素影响较大，应根据不同外部气候条件及栽培水平灵活管理。病虫害防治应遵循以防为主，综合防治原则。

（2）本品种为杂交一代，不可留种栽培。在干燥阴凉处保存。

技术来源：天津科润农业科技股份有限公司黄瓜研究所

咨询人与电话：李波　022-23005585

天王一号西瓜

特征特性

品种来自天津科润农业科技股份有限公司黄瓜研究所。优质早熟西瓜品种，早春大棚栽培从雌花开花到成熟需 40～45 天，花皮短椭圆果，果实表面覆浓蜡粉，外观靓丽，单瓜平均重 8～10 kg，最大可达 15 kg，中心糖 12.5% 以上，大红瓤，肉质致密，剖面好，果皮韧，不裂果，耐运输，货架期长，低温生长发育快，易坐果，亩产 4 000 kg 以上。

技术要点

（1）株距 50 cm，行距 1.7 m，亩种 800 株左右。

（2）三蔓整枝，留第二雌花以后坐的果，每株留 1 果。

（3）施肥：有机肥 4 m³，二铵 30 kg，尿素 20 kg。有机肥作基肥，化肥的 1/2 作基肥，1/2 作追肥。

适宜地区

适宜北京、河北、山东、陕西、山西、河南、辽宁、吉林、宁夏（宁夏回族自治区，全书简称宁夏）、安徽春季早熟栽培，重庆、云南、贵州、四川春露地栽培。

注意事项

适合早春地膜覆盖栽培；选2～3雌花坐果；采收前10～15天控制浇水，加大通风或进行遮阴，以防果实水浸。

技术来源：天津科润农业科技股份有限公司蔬菜研究所

咨询人与电话：焦荻　022-23784680

蜜多西瓜

特征特性

品种来自天津科润农业科技股份有限公司蔬菜研究所。从雌花开放到成熟需 28～30 天，单果平均重 6～8 kg。植株生长中等，易坐果。果实外观圆形，果皮浅绿底覆绿齿条，皮厚 0.8 cm，较耐裂果。瓤色淡红，肉质酥脆，中心可溶性固形物含量 13%，边可溶性固形物含量 10%。轻抗枯萎病，抗叶部病害强。耐低温，较耐弱光。亩产 4 000 kg 以上，比对照 84-24 增产 10% 以上。

技术要点

（1）每亩栽 600～800 株，即株距 0.5 m，行距 1.7～2.0 m。

（2）用南瓜嫁接不易出现皮厚、空心现象。

（3）三蔓或多蔓，留第二雌花以后坐果，可多茬采收。

（4）亩施二铵 40 kg，尿素 20 kg。

适宜地区

适宜在天津、北京、山东、河南、河北、陕西、山西、江苏、安徽、浙江、云南地区大棚、小棚早熟栽培。

注意事项

人工辅助授粉，采前 10 天禁止浇水，避免高温暴晒果实。

技术来源：天津科润农业科技股份有限公司蔬菜研究所

咨询人与电话：焦荻　022-23784680

津花 2010 西瓜

特征特性

品种来自天津科润农业科技股份有限公司蔬菜研究所。该品种为早熟西瓜品种，果实从开花到成熟需 30 天，全生育期 91 天。植株生长势中等，伸蔓早，生长快，极易坐果。单瓜平均重 6.3 kg，嫁接栽培特别是用南瓜作砧木时果实不易空心、畸形。果皮深绿，条带细而清晰、整齐靓丽，果皮较硬，皮厚 0.8～1.0 cm。瓤色红，肉质脆。中心可溶性固形物含量 12%，边可溶性固形物含量 9%，轻抗枯萎病，耐低温弱光。较对照京欣二号增产 10% 以上。

技术要点

（1）保护地栽培 1 月下旬至 2 月上旬育苗，3 月初至 3 月中旬定植。小拱棚 3 月上中旬育苗，4 月中旬定植。

（2）每亩 700 株左右，三蔓整枝，选第二雌花以后坐的果，每株留 1 果。

（3）每亩施农家肥 4 m³，化肥磷酸二铵 25 kg，尿素 15 kg，硫酸钾 15 kg。化肥 1/3 作基肥，2/3 作追肥。

（4）为保证果实品质，应以果实充分成熟采收为宜。应轮作栽培，注意防治西瓜枯萎病。该品种果皮较脆，不宜长途运输。

适宜地区

适宜在华北、西北、东北地区春季保护地及露地地膜覆盖栽培，以及安徽、湖北、江苏等地露地覆膜栽培。

注意事项

该品种果皮较脆，注意均匀水肥管理，采前 10 天严禁浇水。

技术来源：天津科润农业科技股份有限公司蔬菜研究所

咨询人与电话：焦荻　022-23784680

津花 2014 西瓜

特征特性

品种来自天津科润农业科技股份有限公司蔬菜研究所。该品种为保护地嫁接栽培的专用品种，克服了嫁接西瓜容易出现的皮厚、空心、畸形等缺陷，低温果实生长发育快，坐果后 28 天成熟。品质优，果形圆整，条带细而不断，底色绿，外观漂亮、商品性高，单瓜平均重 6～8 kg，中心糖 12% 左右，皮厚 1 cm，瓤色红，肉质脆，较其他同类品种耐裂，瓜大，抗叶部病害强。

技术要点

（1）每亩栽 600～800 株，即株距 0.5 m，行距 1.7～2.0 m。

（2）用南瓜嫁接不易出现皮厚、空心现象。

（3）三蔓或多蔓，留第二雌花以后坐的果。

适宜地区

适宜我国南北方大棚和小拱棚嫁接栽培。

注意事项

该品种果皮较脆，注意均匀水肥管理，采前10 天严禁浇水。

技术来源：天津科润农业科技股份有限公司蔬菜研究所

咨询人与电话：焦荻　022-23784680

津秀王西瓜

特征特性

品种来自天津科润农业科技股份有限公司蔬菜研究所。保护地早春栽培从开花到成熟40~45天。果实短椭圆形,果皮深绿底覆盖青绿齿条带,条纹鲜明,果皮硬。单瓜7~8 kg,坐果好,果实发育快。瓤色鲜红,肉质酥脆,口感好,中心可溶性固形物含量13%,边可溶性固形物含量10%,轻抗枯萎病。耐低温,不耐弱光。亩产4 700 kg,比对照锦王增产5%。

技术要点

(1)株距50 cm,行距1.7 m,亩种800株左右。

(2)三蔓整枝,留第二雌花以后坐的果,每株留1果。

(3)亩施有机肥(基肥)4 m³,二铵30 kg,尿素20 kg,化肥的1/2作基肥,1/2作追肥。

适宜地区

适宜在天津、北京、山东、河南、宁夏、吉林、辽宁、黑龙江、云南、安徽、重庆保护地春季早熟栽培及露地栽培。

注意事项

人工辅助授粉，采前10天禁止浇水，避免高温暴晒果实。

技术来源：天津科润农业科技股份有限公司蔬菜研究所

咨询人与电话：焦获 022-23784680

花雷甜瓜

特征特性

品种来自天津科润农业科技股份有限公司蔬菜研究所。植株长势旺盛，综合抗性好，子蔓、孙蔓均能结果，单株可留瓜4～5个，平均单瓜重500 g左右，果实成熟期30天。成熟时果皮黄色，覆暗绿色斑块。果肉绿色，折光糖含量15.0%以上，肉质脆，口感好，香味浓郁。

技术要点

（1）栽培地块亩施入充分腐熟的鸡粪2 000 kg（或土粪5 000 kg）+复合肥30 kg作基肥。

（2）单蔓整枝每亩2 000～2 200株。

（3）保护地吊蔓栽培时，可子蔓或孙蔓结果。孙蔓结果整枝：主蔓4片真叶时摘心后选留1条长势健壮的侧蔓。在所留侧枝5～9片叶发出的孙蔓上选留3～4瓜，作为第一茬瓜，留瓜孙蔓留2片叶摘心。10～20片叶发出的侧枝要打掉，植株长势弱时，此处侧枝可保留2片叶摘心。第一茬瓜基本定个后，20～22片叶的孙蔓可再留瓜2～3个，顶部的侧枝打掉，但每株要保留2～3个生长点，维持植株长势，防止早衰。子蔓结果整枝：主蔓25～28叶摘心，在8～10节上发出的子蔓留3～4个瓜，其余侧枝两叶摘心。此后，根据植株长势可留多茬果。

（4）果实乒乓球大小时，及时浇膨果水和追肥，促果实膨大。

（5）果皮底色变为黄色且有香味溢出时为成熟标志，注意及时采收。

适宜地区

适于华北、东北、华中等地区春季、秋季保护地栽培。

注意事项

（1）早春栽培时，留果节位不宜太低，且应选子房周正的雌花留果，以防出现畸形果。

（2）早春栽培时，多低温弱光及高湿的环境条件，要特别注意预防蔓枯病的发生。除农药预防外，适时通风降低棚内湿度，同时切忌阴雨天整枝打杈。

（3）早春栽培时，过量使用激素会导致生育期延长，注意使用浓度。

（4）果实成熟期应严格控制浇水，适时采收。

技术来源：天津科润农业科技股份有限公司蔬菜研究所

咨询人与电话：张若纬 022-23792055

玲珑黄甜瓜

特征特性

品种来自天津科润农业科技股份有限公司蔬菜研究所。植株长势健壮，综合抗性突出，早熟性好；孙蔓结果为主，单株可留瓜 5～6 个，平均单瓜重 400～500 g，果实高梨形，成熟期约 23 天；果皮金黄色，果肉白色，折光糖含量约 16.0%，肉质酥脆，口感好，香味浓郁，耐贮运。

技术要点

（1）栽培地块亩施入充分腐熟的鸡粪 2 000 kg（或土粪 5 000 kg）+ 复合肥 30 kg 作基肥。

（2）单蔓整枝每亩 2 000～2 300 株，双蔓整枝种植密度应在 1 200 株 / 亩左右。

（3）保护地吊蔓栽培时，主蔓 4 片真叶时摘心后选留 1 条长势健壮的侧蔓。在所留侧枝 5～9 片叶发出的孙蔓上选留 4～5 瓜，作为第一茬瓜，留瓜孙蔓留 2 片叶摘心。10～20 片叶发出的侧枝要打掉，植株长势弱时，此处侧枝可保留 2 片叶摘心。第一茬瓜基本定个后，20~22片叶的孙蔓可再留瓜2~3个，顶部的侧枝打掉，但每株要保留2~3个生长点，维持植株长势，防止植株早衰。

（4）坐瓜后1周左右，果实乒乓球大小时，选留果形好的瓜，及时浇膨果水、施膨果肥，促果实膨大，果实成熟后期适时控水。

（5）果皮为金黄色且有香味溢出时为成熟标志，注意及时采收。

适宜地区

适于华北、东北地区春季保护地早熟栽培。

注意事项

（1）早春栽培时，留果节位不宜太低，且应选子房周正的雌花留果，以防出现畸形果。

（2）早春栽培时，多低温弱光及高湿的环境条件，要特别注意预防蔓枯病的发生。除农药预防外，适时通风降低棚内湿度；切忌阴雨天整枝打杈。

（3）早春栽培时，过量使用激素会导致生育期延长，注意使用浓度。

（4）果实成熟期应严格控制浇水，适时采收。

技术来源：天津科润农业科技股份有限公司
蔬菜研究所

咨询人与电话：张若纬　022-23792055

天美 55 甜瓜

特征特性

品种来自天津科润农业科技股份有限公司蔬菜研究所。植株长势旺盛，综合抗性突出，孙蔓结果为主。果实发育期 28 天，果实筒形，单果重 500 g。果皮白色，果肉白色，折光糖含量 16.0%，肉质酥脆，口感好。

技术要点

（1）栽培地块亩施入充分腐熟的鸡粪 2 000 kg（或土粪 5 000 kg）+ 复合肥 30 kg 作基肥。

（2）单蔓整枝每亩保苗 2 000～2 300 株。

（3）保护地吊蔓栽培时，主蔓 4 片真叶时摘心，可单蔓或双蔓整枝。单蔓整枝：主蔓摘心后选留 1 条长势健壮的侧蔓。在所留侧枝 5～9 片叶发出的孙蔓上选留 3～4 瓜，作为第一茬瓜，留瓜孙蔓留 2 片叶摘心。10～20 片叶发出的侧枝要打掉，植株长势弱时，此处侧枝可保留 2 片叶摘心。第一茬瓜基本定个后，20～22 片叶的孙蔓可再留瓜2～3个，顶部的侧枝打掉，但每株要保留2～3个生长点，维持植株长势，防止植株早衰。双蔓整枝：主蔓摘心后选留2条长势健壮一致的侧蔓。分别在两条子蔓8～10节上发出的孙蔓各留2～3个瓜。注意两条蔓留瓜的节位和幼瓜的大小要一致，否则会导致大吃小现象。此后，根据植株长势可决定是否留二茬果。无论单蔓还是双蔓，每株要留3～4个长势一致，大小均匀的瓜才能保证产量。

（4）开花约7天后果实乒乓球大小时，及时浇膨果水、施膨果肥，促果实膨大，果实成熟气根据土壤墒情适时控水，放置降低品质。

（5）果皮变为乳白色且有香味溢出时为成熟标志，注意及时采收。

适宜地区

适于华北地区春季、秋季保护地栽培。

注意事项

（1）早春栽培时，留果节位不宜太低，且应选子房周正的雌花留果，以防出现畸形果。

（2）早春栽培时，多低温弱光及高湿的环境条件，要特别注意预防蔓枯病的发生。除农药预防外，适时通风降低棚内湿度，同时切忌阴雨天整枝打杈。

（3）早春栽培时，过量使用激素会导致生育期延长，注意使用浓度。

（4）果实成熟期应严格控制浇水，适时采收。

技术来源：天津科润农业科技股份有限公司蔬菜研究所

咨询人与电话：张若纬　022-23792055

花雷 3 号甜瓜

特征特性

品种来自天津科润农业科技股份有限公司蔬菜研究所。植株长势旺盛，综合抗性好，产量高，单株可留瓜 3～4 个，平均单瓜重 700～800 g，果实成熟期 30 天。成熟时果皮黄色，覆暗绿色斑块。果肉白色，折光糖含量 16.5%，肉质脆，口感好。

技术要点

（1）栽培地块亩施入充分腐熟的鸡粪 2 000 kg（或土粪 5 000 kg）+复合肥 30 kg 作基肥。

（2）单蔓整枝每亩保苗 2 200 株左右。

（3）保护地吊蔓栽培时，主蔓 4 片真叶时摘心，可单蔓或双蔓整枝。单蔓整枝：主蔓摘心后选留 1 条长势健壮的侧蔓。在所留侧枝 5～9 片叶发出的孙蔓上选留 2～3 瓜，作为第一茬瓜，留瓜孙蔓留 2 片叶摘心。10～20 片叶发出的侧枝要打掉，植株长势弱时，此处侧枝可保留 2 片叶摘心。

第一茬瓜基本定个后，20～22片叶的孙蔓可再留瓜2～3个，顶部的侧枝打掉，但每株要保留2～3个生长点，维持植株长势，防止植株早衰。

（4）果实乒乓球大小时，及时浇膨果水和追肥，促果实膨大。

（5）果皮底色变为金黄色且有香味溢出时为成熟标志，注意及时采收。

适宜地区

适于华北、东北等地区春季、秋季保护地栽培。

注意事项

（1）早春栽培时，留果节位不宜太低，且应选子房圆整的雌花留果，以防出现畸形果。

（2）早春栽培时，多低温弱光及高湿的环境条件，要特别注意预防蔓枯病的发生。除农药预防外，适时通风降低棚内湿度，同时切忌阴雨天整枝打杈。

（3）早春栽培时，过量使用激素会导致生育期延长，注意使用浓度。

（4）果实成熟期应严格控制浇水，适时采收。

　　技术来源：天津科润农业科技股份有限公司
蔬菜研究所
　　咨询人与电话：张若纬　022-23792055

金利甜瓜

特征特性

品种来自天津科润农业科技股份有限公司蔬菜研究所。植株长势健壮，抗病性强，丰产性好。果实发育期45天，果实高圆型，平均单瓜重1.8 kg。果皮金黄色，果面网纹发生稳定，折光糖含量17.0%，肉质脆，口感好。货架期长，耐贮运。

技术要点

（1）定植前一周，开始炼苗，逐渐加大苗床的通风量，控制苗床水分进行炼苗；栽培地块亩施入充分腐熟的鸡粪2 000 kg（或土粪5 000 kg）+复合肥30 kg作基肥。

（2）单蔓整枝每亩2 000～2 200株，株距40～50 cm，行距80～100 cm。

（3）保护地吊蔓栽培时，主蔓25～28片真叶时摘心，留瓜节位12～15节，每蔓留1果，第一茬果定个后可在20节左右留二茬果。

（4）开花期温度低需进行蘸花促进坐果，若温度适宜可采用蜜蜂授粉或人工辅助授粉。

（5）坐瓜后1周左右，果实乒乓球大小时，选留周正幼果定瓜，浇膨果水、施膨果肥，促进果实膨大，网纹形成期避免大干大湿，否则影响网纹形成。

（6）开花后约45天且果皮颜色转为黄色为成熟标志，注意适时采收。

适宜地区

适于华北地区春季保护地栽培。

注意事项

（1）早春栽培时，留果节位不宜太低，且应选子房周正的雌花留果，以防出现畸形果。

（2）早春栽培时，多低温弱光及高湿的环境条件，要特别注意预防蔓枯病的发生。除农药预防外，适时通风降低棚内湿度，同时切忌阴雨天整枝打杈。

（3）开花授粉期遇到阴雨连绵天气可能会落花落蕾，做好人工辅助授粉。

（4）果实成熟期应严格控制灌水，采收前7～10天禁止浇水，适时采收。

技术来源：天津科润农业科技股份有限公司蔬菜研究所

咨询人与电话：张若纬　022-23792055

露地优质专用品种

海椒 309 辣椒

特征特性

品种来自海南省农业科学院蔬菜研究所。以 1217A 为母本、1298B 为父本的一代杂交新品种。生长势强，中早熟。株高 100 cm 左右，开展度 40 cm 左右；果实粗长羊角型，黄绿色，果皮光滑顺直，亮度高。一般果长 26～32 cm。横径 4.8 cm，单果重约 100 g。空腔小，肉极厚，储运时间长，连续坐果能力强，挂果集中，果实膨大速度快，辣味中等。每亩产量 4 000～5 000 kg。

适宜地区

适宜我国南方露地栽培。

注意事项

（1）建议种植密度北方大棚定植 3 000～3 500 株；其他地区依当地的种植习惯而定。

（2）结果期白天温度控制在 25～30 ℃，夜晚最低温度控制在 10 ℃ 以上。

（3）八面风整枝，去掉内膛弱枝，留3～4个主枝坐果。

（4）底肥增施农家肥5～8 m³，复合肥50 kg，配中量元素；追肥平衡肥与高钾肥交替使用。

（5）及时采收，以免影响上层果实的膨大。

技术来源：海南省农业科学院蔬菜研究所
咨询人与电话：李雪峤　0898-65373089

津优 401 号黄瓜

特征特性

品种来自天津科润农业科技股份有限公司黄瓜研究所。植株长势较强，叶片中等大小，叶色绿。瓜条长 35 cm 左右，瓜把短，不溜肩，心腔小于瓜横径 1/2，单瓜重 200 g 左右，瓜条亮绿，刺瘤好，瓜条顺直，商品瓜率高。以主蔓结瓜为主，雌花分布均匀，持续结瓜能力强，丰产性好。本品种抗霜霉病，白粉病，枯萎病，病毒病。早期产量较对照津优 1 号增加 17%～21%，总产量较对照增加 15%～18%，适合露地及秋大棚栽培。

技术要点

（1）适当稀植，每亩根据土壤肥力种植 2 400～2 700 株。

（2）去除主蔓第五节以下侧枝，上部侧枝留 1 瓜 2 叶后摘心。

（3）本品种雌性较强，春露地栽培不建议喷施增瓜灵，秋季苗期如遇高温，可适当喷施增瓜灵。

（4）适宜种植季节。春露地：华北地区4月15日至6月25日，西南、华南地区3月10日至5月20日。秋露地：7月10日至8月10日。东北地区秋大棚：7月1—15日。

适宜地区

我国华北、华南、西南地区春秋露地栽培。东北地区秋大棚栽培。其他地区参考气候条件种植。

注意事项

（1）黄瓜常见虫害为蚜虫、茶黄螨及红蜘蛛，中后期加强病虫害防治。

（2）因各地气候环境不同，建议种植户在每年播种时间栽培管理上根据当地的实际情况科学安排，也可以在种植前咨询天津科润农业科技股份有限公司黄瓜研究所。

技术来源：天津科润农业科技股份有限公司黄瓜研究所

咨询人与电话：李波 022-23005585

津优 406 黄瓜

特征特性

品种来自天津科润农业科技股份有限公司黄瓜研究所。该品种植株长势较强，叶片中等大小，叶色绿。主蔓结瓜为主，持续结瓜能力强，商品瓜率高。瓜条长 35 cm 左右，瓜把约为瓜长的 1/8。瓜色亮绿，有光泽，刺瘤适中，无棱，少纹，口感脆甜。本品种丰产稳产性好，抗病、耐热。对霜霉病、白粉病、枯萎病抗性明显优于对照及当地主栽品种，商品性好，是露地及秋棚栽培的理想品种。

技术要点

（1）适当稀植，每亩栽 2 600 株左右，5 月底始收。施足底肥，勤追肥，及时采收。

（2）去除主蔓第五节以下侧枝，上部侧枝留 1 瓜 2 叶后摘心。

（3）适宜种植季节。华北地区扣地膜直播：4 月 20 日至 5 月 10 日。

露地直播：4 月 15 日至 6 月 1 日，其他地区可根据当地气候适当选择播期。

适宜地区

我国华北、西北、华中地区。

注意事项

（1）本品种为抗病性强的品种，但受环境条件影响也可能有病虫害发生，主要是苗期猝倒病，结瓜期有霜霉病、白粉病、细性角斑病等，秋概培在中后期要注意黄瓜靶斑病防治。虫害有蚜虫、白粉虱和美洲斑潜蝇等。病虫害应遵循以防为主、综合防治的原则。

（2）因各地气候环境不同，建议种植户在每年播种时间栽培管理上根据当地的实际情况科学安排，也可以在种植前咨询天津科润农业科技股份有限公司黄瓜研究所。

技术来源：天津科润农业科技股份有限公司
黄瓜研究所
　　咨询人与电话：李波　022-23005585

津优 409 黄瓜

特征特性

品种来自天津科润农业科技股份有限公司黄瓜研究所。该品种雌花分布均匀，持续结瓜能力强。瓜条深绿、光泽度好，瓜把短、不溜肩，瓜条顺直，夏季高温不易出畸形瓜、刺瘤中等，腰瓜长 36 cm 左右，心腔小、果肉厚、单瓜重 200 g 左右，商品性佳。本品种稳定性好，对露地频繁发生的枯萎病、霜霉病、白粉病、病毒病具有很强的抗性。瓜杈较少，易于管理，适合我国大部分地区春秋露地种植。

技术要点

（1）适当稀植，每亩栽 2 800 株左右；施足底肥，追肥，及时采收。

（2）去除主蔓 5 节以下侧枝，上部侧枝留 2 叶 1 瓜后摘心。

（3）秋露地栽培苗期如遇高温适当喷施增瓜灵。

（4）适宜种植季节。华北地区扣地膜直播栽培：4 月 20 日至 5 月 20 日。其他地区参考气候条件确定播期。

适宜地区

我国华北、华南、西南、海南、东南地区。

注意事项

（1）黄瓜常见虫害为蚜虫、茶黄螨及红蜘蛛，中后期加强病虫害防治。

（2）因各地气候环境不同，建议用户在每年播种时间栽培管理上根据当地的实际情况科学安排，也可以在种植前咨询我所。

（3）本品种为杂交一代，不可留种栽培。在干燥阴凉处保存。

（4）本种子经种衣剂处理，勿食。

技术来源：天津科润农业科技股份有限公司黄瓜研究所

咨询人与电话：李波　022-23005585

西农 10 号西瓜

特征特性

品种来自天津科润农业科技股份有限公司蔬菜研究所。中熟，开花后 32 天左右成熟。植株长势中等，前期生长快，易坐果，前期伸蔓快，节间长 12 cm，第 7～9 节出现第一个雌花，以后每间隔 5 节出现一个雌花。果实椭圆形、花皮，果皮硬，耐运输。平均单瓜重 6 kg 以上，种子为大麻籽。果肉红色，质脆，口感好，中心可溶性固形物含量 11%，边可溶性固形物含量 9.5%。高抗枯萎病，抗炭疽病，耐湿性强，较耐低温。产量比西农 8 号增产 10% 以上。

技术要点

（1）在华北地区 4 月初育苗，5 月初移栽，或 4 月初地膜小拱棚直播，7 月中下旬收获。

（2）株距 0.5 m，行距 1.7 m，亩留株 700 株。

（3）三蔓整枝，留 1 个第三雌花以后坐的果。

（4）亩施基肥磷酸二铵 15 kg，尿素 10 kg，土杂肥 4 m³，果有鸡蛋大时追施磷酸二铵 10 kg，尿素 7 kg，重茬地应多施 1/3。

适宜地区

适宜天津、山东、陕西、山西、内蒙古、甘肃、宁夏、安徽等地露地栽培。

注意事项

该品种前期生长快，应注意增加基肥用量。

技术来源：天津科润农业科技股份有限公司蔬菜研究所

咨询人与电话：焦荻　022-23784680

黑鲨西瓜

特征特性

品种来自天津科润农业科技股份有限公司蔬菜研究所。中熟，果实从开花到成熟需30天左右；植株生长快，易坐果。平均单瓜重8～10 kg。果实黑花皮，椭圆果，果实周正，果皮硬且光滑，不起棱。瓤红，肉细脆，少籽，口感甜，无异味。中心可溶性固形物含量12.5%，边可溶性固形物含量9.5%。中抗枯萎病。抗旱性强、耐低温弱光，亩产可达5 000 kg以上。

技术要点

（1）株距0.5 m，行距2.0 m，亩留株550株左右。

（2）三蔓整枝，留1个第三雌花以后坐的果。

（3）亩施基肥磷酸二铵15 kg，尿素10 kg，土杂肥4 m³，果有鸡蛋大时追施磷酸二铵10 kg，尿素7 kg，重茬地应多施1/3。

（4）较耐干旱，果实生长适温25～32 ℃，适宜沙壤、中等以上水肥地块种植。

适宜地区

适宜在天津、河北、山东、陕西、山西、甘肃、宁夏、新疆(新疆维吾尔自治区,全书简称新疆)、内蒙古、河南、安徽等地露地地膜覆盖栽培。

注意事项

该品种不宜密植,不宜在雨水多的区域种植。坐果近或不良环境条件下栽培易出现畸形瓜,果实成熟前 10 天应控制浇水。

技术来源:天津科润农业科技股份有限公司蔬菜研究所

咨询人与电话:焦荻　022-23784680

露霸西瓜

特征特性

品种来自天津科润农业科技股份有限公司蔬菜研究所。中晚熟，开花到成熟38天，果实花皮长椭圆果，单瓜平均重8 kg，瓤大红，肉质脆，耐贮运。中心可溶性固形物含量12.0%，边可溶性固形物含量9.0%，果皮硬，肉质多汁、少籽。中抗枯萎病，抗炭疽病，较抗干旱、轻度盐碱。亩产4 500 kg以上，比对照西农8号增产10%以上。

技术要点

（1）株距70 cm，行距2 m。
（2）坐果期控制水肥，以防徒长。
（3）蜂少时，注意人工辅助授粉。

适宜地区

适宜全国露地西瓜栽培区春季露地种植。

注意事项

该品种生长旺盛，适当稀植，雨水多导致不易坐果的地区慎种。

技术来源：天津科润农业科技股份有限公司蔬菜研究所

咨询人与电话：焦荻　022-23784680

津抗五号西瓜

特征特性

品种来自天津科润农业科技股份有限公司蔬菜研究所。中晚熟品种，开花到成熟 35 天，花皮，椭圆果，单瓜平均重 7~8 kg，中心糖 11.5%，瓤色大红，肉质硬脆，耐贮运，货架期长，生长较旺，易坐果，高抗枯萎病。

技术要点

株距 0.5 m，行距 1.7 m，三蔓整枝；留第三雌花以后坐的果，每株留 1 果。

适宜地区

适宜山东、山西、陕西、河南、辽宁、甘肃、宁夏春季露地种植及小拱棚种植。

注意事项

该品种适宜在中等水肥以上田块种植。

　　技术来源：天津科润农业科技股份有限公司蔬菜研究所

　　咨询人与电话：焦荻　022-23784680

津甜 100 甜瓜

特征特性

品种来自天津科润农业科技股份有限公司蔬菜研究所。果实发育期 30 天，果实梨形，单果重 400～600 g。果皮白色，果面光洁。果肉白色，肉质脆，香味浓郁，折光糖含量 16%，口感好。

技术要点

（1）栽培地块亩施入充分腐熟的鸡粪 2 000 kg（或土粪 5 000 kg）+ 复合肥 30 kg 作基肥；栽培田具有良好的排水设施。

（2）双蔓整枝每亩保苗 1 200～1 500 株。

（3）双蔓整枝，主蔓 4 片真叶时摘心，主蔓摘心后选留 2 条长势健壮一致的侧蔓。分别在两条子蔓 6～8 节上发出的孙蔓各留 2～3 个瓜，侧蔓 12 节左右摘心。

（4）果实乒乓球大小时，及时浇膨果水和追肥，促果实膨大。

适宜地区

适于我国华北、东北、华中等地区春季露地栽培。

注意事项

（1）播种前或定植前施足底肥，以农家肥为主。

（2）坐果前要控制好肥水，严防徒长影响坐果，待瓜坐稳后要加强肥水供给。

（3）采收前7～10天禁止浇水。

技术来源：天津科润农业科技股份有限公司蔬菜研究所

咨询人与电话：张若纬　022-23792055

桂农科8号苦瓜

特征特性

品种来自广西壮族自治区农业科学院蔬菜研究所选育。植株生长旺盛，分株性强，主侧蔓均可结瓜，强雌性，连续结瓜能力强；早熟，第一雌花节位12～14节；商品瓜皮色浅绿，瓜型长棒形，肩平蒂圆，粒条相间，长约30 cm，横径6.29 cm，肉厚1.07 cm，平均单瓜重466 g，味甘苦，肉质爽滑；耐冷凉性好。

技术要点

（1）一般在1月上旬至2月上旬保护地营养钵育苗，2月上旬至3月上旬定植；秋延后栽培在8月下旬至9月上旬营养钵育苗，太阳猛烈时加盖遮阳网，9月上旬至9月下旬定植。

（2）采用双行定植，春季株距35 cm，秋季株距30 cm，种植密度2 000～2 500株/亩。畦高30 cm，畦面1.0 m，沟宽0.5～0.7 m。

（3）在整地起畦时施入充足基肥，以优质有机肥为主。条施腐熟农家肥1～1.5 t/亩，过磷酸钙或花生麸 50 kg/ 亩。

（4）植株主蔓长至 0.5 m 时引蔓上架，可采用 A 字架或 Y 字架，并采用密植强整枝技术，即摘除全部侧蔓，及时摘除根部老叶病叶，保证通风良好。

（5）果实采收期及时追肥，适量浇水，控制防治白粉病、枯萎病、蚜虫、粉虱、瓜绢螟等害虫为害。

适宜地区

华南苦瓜产区。

注意事项

注意采收期及时追肥，适量浇水；及时摘除根部老叶病叶，保证通风良好；控制防治白粉病、枯萎病、蚜虫、粉虱、瓜绢螟等病虫害。

技术来源：广西农业科学院蔬菜研究所
咨询人与电话：黄如葵　0771-3245200

桂农科 9 号苦瓜

特征特性

品种来自广西壮族自治区农业科学院蔬菜研究所。植株生长旺盛，分株性强，主侧蔓均可结瓜，强雌性，连续结瓜能力强；早熟，第一雌花节位 8～12 节；商品瓜皮色墨绿，瓜形长棒形，粒瘤，长约 36 cm，横径 5.54 cm，肉厚 0.93 cm，平均单瓜重 528 g，味甘微苦，肉质脆爽，耐冷凉性好。

技术要点

（1）一般在 1 月上旬至 2 月上旬保护地营养钵育苗，2 月上旬至 3 月上旬定植；秋延后栽培在 8 月下旬至 9 月上旬营养钵育苗，太阳猛烈时加盖遮阳网，9 月上旬至 9 月下旬定植。

（2）采用双行定植，春季株距 35 cm，秋季株距 30 cm，种植密度 2 000～2 500 株/亩。畦高 30 cm，畦面 1.0 m，沟宽 0.5～0.7 m。

（3）在整地起畦时施入充足基肥，以优质有机肥为主。条施腐熟农家肥 1～1.5 t/亩，过磷酸钙或花生麸 50 kg/ 亩。

（4）植株主蔓长至 0.5 m 时引蔓上架，可采用 A 字架或 Y 字架，并采用密植强整枝技术，即摘除全部侧蔓，及时摘除根部老叶病叶，保证通风良好。

（5）果实采收期及时追肥，适量浇水，控制防治白粉病、枯萎病、蚜虫、粉虱、瓜绢螟等害虫为害。

适宜地区

华南苦瓜产区。

注意事项

注意采收期及时追肥，适量浇水；及时摘除根部老叶病叶，保证通风良好；控制防治白粉病、枯萎病、蚜虫、粉虱、瓜绢螟等病虫害。

技术来源：广西农业科学院蔬菜研究所
咨询人与电话：黄如葵　0771-3245200

翠柳苦瓜

特征特性

品种来自海南大学热带农林学院苦瓜课题组。植株生长势强，分枝力旺盛。主蔓始雌花着生于第12～16节，商品瓜呈平顶棒状，瓜长25～28 cm，横径6.5～7.5 cm，肉厚1.1 cm。瓜皮为绿色油亮，单瓜重600～650 g。亩产量2 500～4 000 kg。早熟，耐低温及弱光照。肉质脆嫩，苦味中等，回味甘甜。

技术要点

定植成活后应及时浇提苗肥，以促进根系伸长。上架前主蔓上的侧枝、上架后的弱小侧枝及时摘除。在第一朵雌花开放时结合中耕除草施一次肥，以后根据采收及生长情况及时追施肥（一般每6～8天追施1次），以植株不出现缺肥现象为准。每天上午6—10时雌花开放时应进行人工辅助授粉。

适宜地区

海南全年可种植，北运蔬菜生产在海南省南部以 9 月中下旬播种较好，在海南北部以 11 月中旬至 12 月中旬播种为好。

注意事项

苦瓜病害主要是霜霉病和白粉病，虫害主要是瓜绢螟和瓜实蝇，可参照其他瓜类栽培防治病虫害。雌花开花后 16～20 天，单瓜重达 350～500 g，就可采收。苦瓜应及时采收，并摘除畸形瓜。

技术来源：海南大学热带农林学院
咨询人与电话：田丽波　0898-66291290

海研 2 号苦瓜

特征特性

品种来自海南省农业科学院蔬菜研究所。植株生长势强，耐低温弱光，耐湿热。早熟，主蔓始雌花节位为 12～18 节位，冬春季移栽 45～60 天即可采收，夏秋季 45～50 天可采收。主侧蔓均可结瓜，连续坐果能力强，且瓜形前后保持一致；瓜肩平、尾钝、顺直，瓜色深绿有光泽，瓜长 26～30 cm，横径 6～8 cm，肉厚 1.0～1.2 cm，单瓜重 400～500 g。亩产高达 4 000 kg 以上。

技术要点

海南冬春季播种期为 10 月至翌年 1 月，夏季播种在 4—8 月，建议穴盘育苗移栽，苗期 20 天，亩种植 400～500 株，重施基肥，移植前施足基肥，苦瓜生长前期应薄肥勤施，采收期应保持充足的养分供应。

适宜地区

适合华南地区全年种植。

注意事项

海南冬春季苦瓜开花结果期昆虫活动少，为提高坐果率，应进行人工辅助授粉，每隔3～5节授粉一次。

技术来源：海南省农业科学院蔬菜研究所

咨询人与电话：廖道龙　0898-65373089

华宝长棱丝瓜

特征特性

品种来自海南大学。棱丝瓜产量高，较耐霜霉病，抗逆性强，生长势强，雌性强，易坐果，且连续坐果能力强，肉质密，味甜，口感爽脆软滑，可食用部分比例较高，较耐贮运。果实墨绿色，瓜条直，匀称，10 棱，而且棱比较钝，棱沟不深，长 60～65 cm，横茎 4.5～5 cm，果实首尾一致，果形美观，商品性佳。单产可达到 4 000 kg 以上，较市场其他有棱丝瓜品种产量平均提高 15% 以上。

适宜地区

海南、广东、广西（广西壮族自治区，全书简称广西）、福建等华南地区。

注意事项

因为瓜条较长，为了保持瓜条的平直美观和匀称，在幼瓜长到 20 cm 左右时，需要在瓜条尾部进行适当的重物悬挂（一般用塑料袋装一把土），进行物理拉伸调控。

技术来源：海南大学热带农林学院
咨询人与电话：陈艳丽　15719895389

南豇 1 号长豇豆

特征特性

品种来自三亚市南繁科学技术研究院。中早熟，播种至初收约 60 天。植株长势强，植株较矮，分枝少，主蔓第 2~3 节时着生第一对花序，开花后 5~7 天可采收嫩荚，种子老熟约需 30 天。豆荚圆条形，淡绿色，荚长 70 cm 左右，荚粗 0.78 cm 左右，豆荚顺直、不弯曲、不鼓籽、无鼠尾，荚条粗细均匀。双荚率较高，耐低温阴雨，耐弱光，耐运输。

技术要点

尽量选择前作作物不是豆类的地块，覆地膜人字架高垄栽培，在海南南部市县 9 月中下旬至翌年 3 月均可种植。双行植，大行距 100 cm，小行距 50 cm，株距 30 cm；施足基肥，及时追肥。播后 60 天左右开始采摘，一般隔 1 天采收 1 次；采收时注意保护花序，在豆荚基部 1~2 cm 处折断即可。

适宜地区

海南省南部市县。

注意事项

及时防治豇豆根腐病、枯萎病、锈病、白粉病、蓟马、斑潜蝇、青虫、钻心虫、蚜虫等病虫害。

技术来源：三亚市南繁科学技术研究院
咨询人与电话：孔祥义　0898-31510153

海豇 1 号长豇豆

特征特性

品种来自海南省农业科学院蔬菜研究所。早熟品种，小叶，植株生长势强，主要始花位节 3～4 节，主侧蔓同时结荚，中层结荚集中，持续结荚能力强，丰产性好，抗病性强，耐高温，低温抗性好，不易早衰，商品荚色嫩绿色，荚长 60～80 cm，荚粗 0.70～0.80 cm，单荚约重 30 g，条荚上下粗细均匀顺直，荚面光滑肉质厚，纤维少，耐老化，不散粒，鼠尾少、耐贮运、商品性好。华南地区春播 3—8 月，冬播 11 月至翌年 1 月，最适合生长温度 20～33 ℃。

栽培要点

适宜露地立架栽培，基肥多施有机肥，苗期注意控制氮肥使用，开花结荚期可适当施加氮肥和钾肥，同时控水管理。亩用种 1.2～1.5 kg，穴定苗 2～3 株，株行距 25 cm×60 cm。

适宜地区

海南地区一年四季均可播种，华南地区请参照当地栽培习惯种植。

技术来源：海南省农业科学院蔬菜研究所
咨询人与电话：廖道龙　0898-65373089

海豇 2 号长豇豆

特征特性

品种来自海南省农业科学院蔬菜研究所。早中熟品种，中小叶，植株生长势强，主要始花位节 4～6 节，主侧蔓同时结荚，中层结荚集中，持续结荚能力强，丰产性好，抗病性强，耐寒性好，不易早衰，商品荚色嫩绿色，荚长 60～80 cm，荚粗 0.75～0.85 cm，单荚约重 30 g，条荚上下粗细均匀顺直，荚面光滑肉质厚，荚肉紧密，纤维少，耐老化，不散粒，鼠尾少、耐贮运、商品性好。华南地区冬播 11 月至翌年 1 月。

栽培要点

适宜露地立架栽培基肥多施有机肥，苗期注意控制氮肥使用，开花结荚期可适当施加氮肥和钾肥，同时控水管理。亩用种 1.2～1.5 kg，穴定苗 2～3 株，株行距 25 cm×70 cm。

适宜地区

海南地区一年四季均可播种，华南地区请参

照当地栽培习惯种植。

技术来源：海南省农业科学院蔬菜研究所
咨询人与电话：吴月燕　0898-65373089

第二章
新设施新设备

新型日光温室类型

北方寒区新型内保温日光温室

技术目标

该新型温室是针对我国北方极寒气候条件研发，可实现北方地区冬季不加温生产茄果类蔬菜。

技术要点

在原有日光温室的基础上，通过内拱支撑将保温设备内置，从而在外保温膜与内置保温被和内层保温膜之间形成 0.4～1.0 m 的空气隔热层，有效地降低热量的传递，减少热损失，增加了保温效果，同时具有抗风雪结构。该温室没有后坡，解决了夏季后坡遮阴的问题，增大了夏季采光面积，采光性能好；另外，解决了传统温室土后墙低，采光角偏小而影响采光的问题。温室所使用的保温被是经过多次试验严格筛选，具有保温性能高、轻质等优点。

每亩内保温日光温室每年可节约煤炭 40 t 左右，可节省燃料费 2 万元以上。与同类型的厚墙体节能温室相比，内保温温室可降低棉帘对棚膜的磨损，以及外界因素对棉帘的损耗，延长棚膜和棉帘的使用寿命，每亩温室每年可节省投资3 000元以上。此外，在室外气温 –15 ℃的情况下，比普通日光温室的温度高出3～5 ℃，使蔬菜提早上市10～20天。

适宜地区

适宜北纬40°～44°地域采用。

技术来源：内蒙古乌兰察布市慧明科技开发有限公司

北方寒冷地区日光节能温室

技术目标

寒冷地区是指我国北方日平均温度≤5 ℃的天数每年在 90～145 天，最冷月平均温度在 -10～0 ℃的地区。寒冷地区的温室在方位、阳角和跨度等方面同其他地区的温室都有着明显的不同。

技术要点

（1）方位：坐北朝南，东西延长，正南偏西 5.0°。

（2）前屋面角：前屋面角为 30.5°～32.5°，前屋面的前 2/3 屋面为圆拱形，后 1/3 屋面为抛物线形。

（3）后坡角：后坡与水平面的夹角一般为 37.0°。

（4）跨度和长度：跨度在 10 m，如果跨度增加，按相应比例增加温室高度。可根据地形选择适宜的温室长度，从生产角度考虑，温室长度一般为 100.0 m。

（5）高度：脊高为5.6 m。温室的脊高点与日光温室的前底脚水平距离为9.2～9.5 m。也可在上述提到的温室参数上的基础上，温室脊高每增加10.0 cm，温室前屋前面跨度增加17.0 cm。

（6）后墙高度：后墙顶距地面为3.4 m，距温室内作业面高4.4 m，温室后坡的水平投影长度为1.0～1.3 m，后墙和脊高差距为1.1～1.4 m。

适宜地区

适宜北纬40°～44°地域采用。

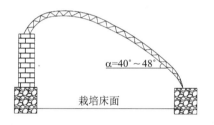

技术来源：内蒙古乌兰察布市慧明科技开发有限公司

西北旱区阳光板日光温室

技术目标

本设计应用热空气上升，冷空气下降不断补偿循环的原理，通过设计地下循环管，并延伸到在顶端高温区，采用高低温差促进空气不断循环的方案，可使地温快速升高，无机械驱动，经济、实用、节能。

技术要点

（1）日光温室空间与栽培床地下空气大循环。本设计设置了地埋通风管，南（前）为冷空气进口处于低温区，北（后）侧连接的立管上部为热空气出口处于高温区。由于热空气上升，冷空气下降不断补偿循环的作用，采用高低温差促进日光温室内空气循环，从而加快温室南（前）部、下部（栽培床）低温区快速上升，提升作物根系环境温度，促进植株生长。该结构适用于北方日光温室，造价低、耗能少、温室低温区温升快，有利于植物的生产，经济性和实用性强。

（2）当温室内部温度过高时，可通过打开前气窗和顶窗，加速温室内部的换气。前气窗和顶窗均采取电动开窗驱动，操作快捷、便利，可定量化。具有进一步升级为远程遥控的潜力。

（3）该型日光温室专利号为201721737492.8，受专利保护，并制定有企业标准 Q/SHZSCYJS 05—2017《西北旱区阳光板日光温室设计与建筑规程》。

适宜地区

适宜西北、华北等地区日光温室建设。

技术来源：新疆石河子蔬菜研究所
咨询人与电话：陆新德　13999531520

砖混钢架型材装配式阳光板日光温室

技术目标

本设计采用专用型材作骨架和整个桁架结构，运用装配式连接与固定；采光材料透光板使用保温性好、表面防水，接缝紧密缝固，抗风性强，抗雪压，耐用持久的阳光板（PC板，聚碳酸酯板）；设前窗与顶窗并采用电动开窗系统，方便、快捷、精确调节室内气温；前墙、北墙外侧采用保温性强的材料，是一种可快速组装、持久耐用、透光率高和微环境调节便利的新型节能日光温室。

技术要点

（1）日光温室拱形屋面、后屋面。桁架结构均采用"几字钢"型材作骨架，采用装配式连接与固定，便于装配及拆卸，拱形前屋面采光材料透光板使用保温性好、表面防水，接缝紧密缝固，抗风性强，抗雪压，耐用持久的阳光板（PC板，聚碳酸酯板）。

（2）墙体材料与厚度。依据当地冬季多年冻土层参数设计与建造日光温室前墙、北墙（后墙）

以及山墙，采用砖混凝土结构，外贴保温板的措施，确保墙体的保温性、隔温性。

（3）温室骨架参数。为使温室内作物种植光合作用最大化，不同地区可根据当地太阳在夏至和冬至太阳高度角达到最低或最高两个节点控制温室拱形屋面的底角、矢高、后屋面仰角和跨度、北墙（后墙）高度的参数，使温室结构更合理。

（4）该型日光温室专利号为201721733475.7，受专利保护。

适宜地区

适宜我国西北、华北等地区日光温室建设。

技术来源：新疆石河子蔬菜研究所
咨询人与电话：陆新德　13999531520

改良下挖式日光温室

技术目标

为了进一步提高下挖式节能日光温室的温光环境性能，基于日光温室光温环境建成机制的理论，从提高墙体蓄热保温性及屋面采光性能的角度出发，优化设计二次下挖式高效节能日光温室，使其采光屋面角增大 2°~3°，总透光量增加 5%~6%，冬季最低气温较普通日光温室提高 2.5 ℃，夏季最高气温降低 4.2 ℃。

结构参数

在我国北纬 34°~43° 的北方地区，10~12 m 跨度的改良下挖式节能日光温室一次下挖 0.5 m，适宜的二次下挖深度为 0.68~1.22 m。温室平均采光屋面角 27.9°，跨度 11 m，脊高 5.2 m。温室前沿设置梯形排 / 渗水沟。

适宜地区

改良二次下挖式高效节能日光温室适合于在黄淮海地区及北纬 34°~43°、地下水位不高于

2.0 m 的地区建造。

注意事项

（1）建造时间：封冻前 20 天建造完毕，考虑到秋延茬生产效益，最好 8 月底前完工。

（2）选址：改良下挖式节能日光温室要选择土壤比较肥沃、土层比较深厚、有机质含量高、适合种植各类蔬菜的地块进行建造。

（3）墙体建造：使用挖掘机和推土机筑墙，建成厚墙体底宽 3.0～6.0 m，上宽 1.5～2.0 m。墙基宽 6 m，碾压 5～6 次后，用挖掘机挖土筑墙，切削出后墙和侧墙，后墙面切削时应注意有一定斜度，以防止墙体滑坡、垮塌。

（4）前屋面拱架结构：前屋面拱架为钢竹木混合结构，主拱架、后立柱、后坡檩条由镀锌管或角铁组成，副拱梁由竹竿组成。温室前坡每隔 3 m 设钢拱架，拱架下由南往北依次设立 3～4 排立柱，要求立柱在一条线上，立柱下端最好埋砖或预埋件作底基，防止立柱受压力后下沉。纵向每隔 40 cm 拉一道 8 号铅丝，两端固定于山墙外基础上。

（5）温室后屋面建造：改良下挖式日光温室的后屋面主要由后立柱、后横梁、檩条及上面铺制的保温材料 4 部分构成。后立柱采用水泥预制件做成。后横梁置于后立柱顶端,呈东西延伸。檩条采用水泥预制件做成,其一端压在后横梁上,另一端压在后墙上。檩条固定好后,可在檩条上东西方向拉 10～12 号的冷拔丝,其两端固定在温室山墙外侧的基础上。温室后坡长 1.6～2.0 m,紧靠后梁依次铺设木椽子、席子、30 cm 厚玉米秸或高粱秸、15 cm 厚干土或炉渣、5～10 cm 厚草泥,然后将建造墙体剩余土方培在后屋面以加强保温。

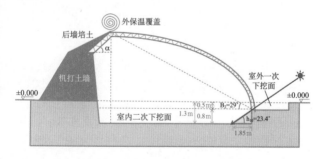

技术来源:山东农业大学
咨询人与电话:李清明 0538-8246356

现代化高效节能日光温室

技术目标

基于日光温室光温环境建成机制的理论，从提高墙体蓄热保温性及屋面采光性能的角度出发，优化设计适于标准化建造和机械化作业的现代化高效节能日光温室，提高节能日光温室的温光等环境因子环境自动化、智能化调控性能。

结构参数

以合理采光时段屋面角为基础参数，优化设计了适于标准化建造和机械化作业的现代化高效节能日光温室，该温室平均采光屋面角30°，后屋面角45°，采光屋面骨架采用无柱式70"几字钢"装配式骨架，跨度10 m，脊高5.1 m，后墙高4.1 m，桁架间距1.0 m，后屋面长1.4 m。风荷载取值0.35 kN/m²，雪荷载取值0.30 kN/m²，植物吊载取值0.09 kN/m²。

现代化环控辅助设备

包括电动卷铺机构、电动卷膜器温室开窗机

构、农用生物补光钠灯补光系统、太阳能集热及光伏发电系统、全自动燃油热风炉加温系统、湿帘风机降温系统以及外遮阳系统。

适宜地区

现代化高效节能日光温室适合于在黄淮海地区及北纬34°～43°地区建造。

注意事项

（1）建造时间：封冻前20天建造完毕，考虑到秋延茬生产效益，最好8月底前完工。

（2）墙体建造：温室四周基础为条形基础，温室南侧基础开槽挖±800 mm深。三七灰土夯实，厚100 mm，上砌宽370 mm，高300 mm红砖，并浇地锚至±0。

（3）温室骨架：骨架采用热镀锌"几字钢"，热镀锌钢板一次挤压成型。骨架各部件之间均采用镀锌连接件连接，无焊点，整齐美观。正常使用寿命不低于15年。

技术来源：山东农业大学

咨询人与电话：李清明　0538-8246356

双向日光温室

技术目标

提高日光温室土地利用率，改善种植结构，规范日光温室建造，提高日光温室性能。

技术要点

1. 基本要求

（1）屋面角度和形状：朝南的采光屋面角度宜为28°～30°，朝北的屋面角度宜为30°～33°。屋面形状为拱圆-抛物线复合型或拱圆型。

（2）墙体结构：砖混结构、异质复合结构或组装式结构，具有良好的支撑能力及蓄热、保温功能。

（3）承载力：设计荷载应符合GB/T 51183—2016《农业温室结构荷载规范》的要求。各部位承载力必须大于可能承受的最大荷载。活载的取值依据当地20年一遇的最大风速、最大降雨和降雪量确定，并考虑覆盖材料重量和作物吊蔓等因素。

2. 结构参数

双向式日光温室结构参数参照下表。

表 双向式日光温室结构参数

棚内跨度（m）	阳 面						阴 面	
	前跨（m）	后跨（m）	脊高（m）	后墙高（m）	前屋面角	后屋面仰角	棚内跨度（m）	屋面角
10	8.8 ～ 9.0	1.0 ～ 1.2	4.8 ～ 5.0	3.6 ～ 3.8	28° ～ 30°	45° ～ 47°	5.5 ～ 6.0	30° ～ 33°
11	9.8 ～ 10.0	1.0 ～ 1.2	5.3 ～ 5.5	4.1 ～ 4.3	28° ～ 30°	45° ～ 47°	6.5 ～ 7.0	30° ～ 33°
12	10.8 ～ 11.0	1.0 ～ 1.2	5.8 ～ 6.0	4.6 ～ 4.8	28° ～ 30°	45° ～ 47°	7.5 ～ 8.0	30° ～ 33°

3. 选址与场地规划

（1）选址条件。地下水位低，周围无遮阴物，通风条件好，避开风口。灌水、排水方便，交通、电力便利。

（2）场地规划。①温室大小：长度一般为50～80 m，阳面室内跨度10～12 m，阴面室内跨度5.5～8 m。②温室方位：两个透明屋面分别朝向正南、正北，或偏东（西）5°，屋脊方向为东西向。③前后温室间距：以不低于 2 m 为宜。

4. 建造施工

（1）基础和墙体施工。温室基础施工应符合 NY/T 1145《温室地基基础设计、施工与验收技术规范》要求。地槽大小 600 mm（宽）×500 mm（深），底部采用 3:7 灰土（200 mm 厚）或素土夯实，然后用砖砌宽 500 mm 的基础至地平。地面以上浇筑宽度 200 mm（前、后底角）或 400 mm（后墙和山墙）、厚度 200 mm 的混凝土地梁，内部用 4 根 Φ8 mm 螺纹钢，每隔 400 mm 加 Φ6 mm 箍筋，制成钢筋笼子。前后底角的地梁上表面按照设计拱间距校正预埋钢板或螺栓，并严格控制偏差。

砖混墙体厚度 400 mm，其中山墙外贴 100 mm 厚聚苯板，表面抹防裂砂浆，内加耐碱玻璃丝布。墙体上方制作 200 mm 高的混凝土圈梁，并按阴、阳屋面设计的拱架间距校正预埋钢板或螺栓。

（2）拱架制作。拱架可采用桁架结构。上弦选用国标 Φ32 mm×2 mm 或 Φ25 mm×2 mm、下弦选用国标 Φ20 mm×2 mm 热镀锌钢管。也可选用国标 Φ60 mm×2 mm 的热镀锌钢管，用数控自动弯管机加工成 75 mm×30 mm×2 mm 的椭圆形管材作拱架。还可用"几字钢"等型材制作骨架。前屋面骨架和后坡骨架宜采用同一根钢管或型钢制作而成，以增加支撑能力。

（3）骨架安装。①拱架安装：先安装阳面骨架。有立柱支撑的温室，需要先在阳面温室内按照设计间距挖坑，浇筑混凝土底座，埋设连接件，并安装和固定立柱。然后，按照设计间距依次安装拱架，拱架间距 70～100 cm，前底脚与地梁上的预埋钢板焊接，或者用 Φ10 mm 螺栓固定，后端固定在立柱顶端。后屋面承重大，骨架横梁选用 Φ50 mm 镀锌钢管，后屋面斜梁选用 Φ32～40 mm 镀锌钢管，斜梁间用 Φ25～32 mm 热镀锌钢管横向拉接。前屋面骨架和后坡骨架为一根钢管或型钢制作时，可直接固定在后墙上方的预埋件上形成后坡。拱架间用 Φ20～25 mm 热镀锌钢管横向拉接，拉杆间距 200～300 mm，与拱架焊接或通过卡具固定，使整个骨架连为一体。阴面骨架的安装与阳面骨架基本相同。按照设计间距依次安装拱架，间距 70～100 cm，底脚与地梁上的预埋件连接，后端直接固定在后墙上方的预埋件上，与后屋面之间做好防水处理，设置排水天沟。②后屋面安装：从内到外依次为 3 cm 厚水泥板、薄膜、棉毡、10 cm 厚聚苯板（密度不小于 25 kg/m），20 mm 厚 1 : 3 水泥砂浆抹面（内加耐碱玻纤布），并进行 TS 防水处理。③压膜槽和放风口安装：在阳面和阴面拱架的前端和上端、后屋面的中部和下部、两侧山墙的外侧，分别安装压膜槽，用于固定棚膜。阳面、阴面骨架的顶部和底部均设置通风口，宽度 50～100 cm。在顶部通风口位置，沿东西向拉防膜下坠的钢丝，每隔 200 mm 一道，固定在拱架上，钢丝上面平铺防下坠塑网。所有放风口均安装 40 目以上防虫网。

技术来源：山东农业大学
咨询人与电话：魏珉，李岩　0538-8246296

新型拱棚类型

改良型 GPC-8-25 型单体塑料钢架大棚

装备简介

在 GP825 型大棚的基础上进行了改良。改进后的大棚肩高 1.8 m、顶高 3.5 m、风载 0.44 kN/m²、拱杆单根长度 6.4 m、5 纵 4 卡，拱杆插入土深 40 cm，为双扇移门，方便大型拖拉机进出，安全性、实用性、采光性有所提高。

技术要点

1. 结构参数

顶高 H=3.5 m，跨度 B=8 m，肩高 h=1.8 m，拱间距 a=0.7 m，当 L>40 m 时，中间应加斜撑。

2. 性能参数

风载≥0.441 kN/m²，雪载≥0.15 kN/m²。主要构件的使用寿命≥10 年，所有金属构件均采用热浸镀锌防腐。

3. 结构技术要求

管棚主拱杆采用拱形二段式结构。管棚结构主要由拱杆、移门、纵向拉杆、水平拉杆、斜撑、手动卷膜、螺旋桩及卡槽等组成。各部分要求如下。

（1）拱杆：采用 Φ25 mm×1.5 mm 直缝电焊钢管，热浸镀锌，模具弯形加工。

（2）拉杆和斜撑：采用 Φ25 mm×1.5 mm 直缝电焊钢管，热浸镀锌防腐。纵向拉杆共 5 条（1 条顶拉杆，侧拉杆各 2 条），斜撑在管棚两侧端部，共 4 根。

（3）水平拉杆和 V 形支撑：水平拉杆采用 Φ25 mm×1.2 mm 热浸镀锌防腐钢管，长 6 m，间距为 2.1 m，每栋管棚装水平拉杆及 V 形支撑。

（4）移门：管棚两山墙居中安装悬挂式双扇移门各一樘。门洞尺寸为 1 800 mm×2 000 mm（宽×高），每扇移门尺寸为 1 000 mm×1 800 mm，采用 Φ22 mm×1.2 mm 钢管制成。所有金属件均采用热浸镀锌防腐。

（5）卷膜机构：在管棚两侧立面安装手动卷膜机构，每侧 1 套，共 2 套。卷膜机构由卷膜杆，压膜卡，卷膜器等组成。其中卷膜杆采用 Φ25 mm×1.5 mm 直缝电焊钢管经热浸镀锌后组成，卷膜器采用带涡轮涡杆式专用产品。

（6）卡槽及卡簧：管棚侧立面，山墙立面及移门均装有卡槽及卡簧，用以固定薄膜。卡槽采用 0.7 mm 宝钢产大花纹热镀锌钢板滚压成型防风卡槽，采用优质卡簧。管棚两侧面的肩部和裙部各安装一条卡槽。采用管槽卡将卡槽固定在拱杆和立柱上。卡槽端头与拱杆连接均采用包箍方式。

（7）螺旋桩：由螺旋桩拉紧压膜线贴近地面，螺旋桩自管棚端部装起，间距为 4.2 m。

（8）各节点固定要求：拱杆对接处采用 M6 或 M5 螺栓对穿固定（或采用 M5.5 自攻自钻钉定位）。顶纵拉杆与拱杆采用钢丝夹固定。2 条侧拉杆与拱杆采用钢丝夹固定。水平拉杆与拱杆、V 形撑与水平拉杆及拱杆均采用包箍方式连接。凡是有包箍的地方均采用 M5 螺栓对穿固定。斜撑与拱杆使用 U 形螺栓固定。顶纵拉杆（5 条）与山墙拱杆采用 M6 埋头螺栓由上而下对穿固定。

4. 其　他

（1）覆盖材料：采用厚度为 0.08～0.10 mm 长寿防滴薄膜作为大棚覆盖材料或进口 PO 膜。

（2）管棚两侧窗处安装 40 目防虫网。

（3）薄膜安装完毕后，要安装压膜线。压膜线间距为 4.2 m。

适宜地区

适于长江中下游流域。

注意事项

注意保证大棚的顶高，预防冬春季节的雪灾。

技术来源：湖北省农业科学院经济作物研究所
咨询人与电话：王飞　027-87380819

GP-C7541Z 型钢管塑料大棚

装备简介

GP-C7541Z 型钢管塑料大棚，跨度 7.54 m，拱杆间距 1.0 m。棚型为单体棚，顶部采用编织膜或薄膜覆盖，四周 40 目防虫网围护。带有电动自动卷膜系统。

技术要点

（1）主拱杆结构：主拱杆结构形式一律为二段式。

（2）纵向结构 5 纵 4 卡：5 纵，即 3 条纵拉杆加 2 道地拉杆；4 卡，即纵向有 4 道卡槽，每侧面 2 道。3 条纵拉杆钢管规格为 Φ32 mm×1.3 mm。2 条地拉杆钢管规格为 Φ22 mm×1.2 mm。

（3）有轨推拉门：拱棚两山墙居中各安装一樘悬挂式双扇有轨推拉门。一头为双门，门洞尺寸为 1 600 mm×1 800 mm，另一头为单门，单门尺寸 900 mm×1 800 mm。所有金属件均采用热浸镀锌防腐。

（4）卷膜机构：在拱棚两侧立面安装电动自动卷膜机构，每侧1套，共2套。卷膜机构由卷膜杆，压膜卡，卷膜器等组成。

（5）卡槽及卡簧：拱棚侧立面，山墙立面及移门均装有卡槽及卡簧，用以固定薄膜。卡槽端头与拱杆连接均采用包箍方式。

（6）节点固定：顶纵拉杆与拱杆采用钢丝夹固定。2条副拉杆及2条地拉杆采用管管卡固定，其中地拉杆与拱杆允许采用间隔方式固定。纵向卡槽与拱杆用管槽卡固定。拱杆对接处用M5螺栓对穿进行固定。V形撑杆与水平拉杆及拱杆，水平拉杆与拱杆连接均采用抱箍方式，每只抱箍均用M5自攻钉固定。门头卡槽采用管槽卡固定。卡槽端头使用自攻钉固定。顶纵拉杆（3条）与山墙拱杆采用M6埋头螺栓由上而下对穿固定。U形螺栓仅限于斜撑与拱杆固定使用。所用螺栓、螺母均采用热镀锌防腐措施，螺母端加平垫圈。

（7）螺旋桩：螺旋桩拉紧贴近地面，螺旋桩自拱棚端部装起，间距为2 m。

（8）覆盖材料选择及安装：采用长寿防滴薄膜或编织膜作为拱棚覆盖材料。拱棚两侧窗及山墙处安装40目白色防虫网。薄膜安装完毕后，安装压膜线。压膜线间距为0.8 m。

适用范围

满足海南瓜菜吊蔓、爬地等栽培模式需要。

技术来源：三亚市南繁科学技术研究院
咨询人与电话：杨小锋　0898-31510150

GP-C813Z 加强型钢管塑料拱棚

装备简介

GP-C813Z 加强型钢管塑料拱棚跨度 8.0 m，拱杆间距 1.0 m，顶高 3.0 m 单体棚型，顶部采用编织膜或薄膜覆盖，四周 40 目防虫网围护，带有电动自动卷膜系统。

技术要点

同 GP-C7541Z 型钢管塑料大棚。

适用范围

满足海南地区瓜菜吊蔓、爬地等栽培模式需要。

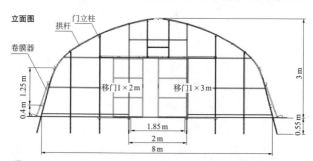

剖面图

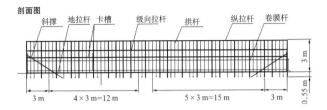

技术来源：三亚市南繁科学技术研究院
咨询人与电话：杨小锋　0898-31510150

WPP-6430 平顶网棚

装备简介

棚型跨度 4 m，立柱高度 3.5 m，开间 2.0 m，棚顶高度 3.0 m。性能设计参数为结构风荷载不低于 0.35 kN/m²。采用镀锌钢管做立柱，标准 50 目白色防虫网全网式覆盖，低成本、稳固性好、空间大。

技术要点

（1）立柱结构：立柱采用钢筋混凝土材料，设计立柱横断面长 110 mm，宽 60 mm，立柱高 2 500 mm。混凝土 C20，内置 5 根 Φ4 mm 钢丝，中部为 Φ25 mm 空心。立柱要求下埋 500 mm。

（2）套头：大棚每个水泥立柱安装一个套头。套头尺寸为 120 mm×70 mm×60 mm，采用 δ1.5 mm 钢板制成。所有金属件均采用镀锌防腐。

（3）卡槽及卡簧：大棚顶部，山墙立面及门均装有卡槽及卡簧，用以固定防虫网。卡槽采用 0.7 mm 热镀锌钢板滚压成型，采用 Φ2 mm 浸塑弹簧钢丝卡簧。卡槽之间用卡槽连接片连接。

（4）钢绞线：大棚顶部套头部位及四周斜拉采用 Φ4.5 mm 热镀锌钢绞线来固定。

（5）门立柱：采用 Φ32 mm×1.5 mm 直缝电焊钢管，镀锌防腐。门立柱在大棚两侧端部。

（6）门上横档：采用 Φ25 mm×1.2 mm 直缝电焊钢管，镀锌防腐。门上横档在大棚两侧端部。

（7）节点固定：水泥立柱与套头通过套头上的螺栓固定。卡槽与套头采用 M5 自攻钉将卡槽固定在套头的连接片上。门立柱与门上横档用包箍固定。有包箍的地方均采用 M5 自攻钉固定。门上横档与水泥立柱用立柱抱箍固定。卡槽与门立柱采用 M5 自攻钉固定。斜拉坑内置预埋件，通过花兰螺栓连接预埋件与斜拉钢绞线。所用螺栓、螺母均采用热镀锌防腐措施，螺母端加平垫圈。大棚安装完毕后，要在侧墙安装斜拉索固定。斜拉角度不大于 50°。

（8）覆盖材料选择及安装：采用 50 目白色防虫网作为平棚顶部及四周的覆盖材料。

适用范围

海南省设施豇豆、蔬菜栽培。

技术来源：三亚市南繁科学技术研究院
咨询人与电话：杨小锋　0898-31510150

其他新设施新设备

温室专用智能卷帘系统

装备简介

　　智能卷帘系统根据温室所在地的日出、日落时间变化，温室内外温度变化智能计算并确定卷放时间，提高生产效率；通过上下时间限位器限位确保保温被卷放装置正常和运行无偏差；通过雨雪报警监测功能，避免气候变化造成温室塌棚及作物正常生长受损。运用手机及时准确了解卷帘机运行状况。

技术要点

　　（1）具有手动模式、定时模式（4组）、智能经纬度模式、智能经纬度温控模式。

　　（2）能够达到保温被起放位置稳定，放下保温被时能够放到温室底部。

　　（3）具有保护程序，保护电机。

　　（4）具有故障报警功能。

　　（5）具有雨雪检测报警模块（5套共用一套雨雪检测）。

（6）具有与手机互通功能（GSM 模块），可同时最多与 5 台设备互通共用（选配）。

（7）外围驱动报警器，低温自动报警。

（8）系统具有拓展功能模块能与上位机通信，采用 RS-485 串口 Modbus 现场总线协议与上位机通信，可与 64 个单片机通信（预留通信接口）。

适用范围

全国各地适用。

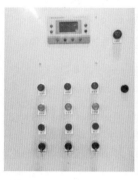 

技术来源：内蒙古农业大学

温室智能放风系统

装备简介

温室智能放风系统能实现单机控制百米长日光温室自动通风、排湿，智能防风防雨等功能，可实现全天无人值机放风智能控制，减少温度变化大对植物的影响，保证植物在温度与湿度最优环境生长。

技术要点

（1）"上（下）膜手动"模式：人工操作卷膜器放风，不受时间、温度、湿度影响，灵活控制卷膜器开启或关闭棚膜。

（2）"上（下）膜温/湿控"模式：控制系统控制卷膜器开启棚膜时，第一次为全开的一半，等待采集周期，继续开启剩下的一半；控制系统控制卷膜器关闭棚膜时，第一次关闭为全闭的一半，等待采集周期，继续关闭剩下的一半。

（3）"双膜温/湿控"模式：根据传感器传回来的数据，达到开启（关闭）棚膜的条件，控制系统控制卷膜器先开启（闭）上（下）棚膜的一半，如果仍然没有达到效果会继续开启（关闭）上（下）棚膜剩下的一半；在上（下）棚膜完全打开（关闭）情况下，温度仍然没有达到效果，控制系统控制卷膜器开启（关闭）下（上）棚膜的一半，如果还是没有达到效果会继续开启（关闭）下（上）棚膜剩下的一半。

适用范围

全国各地适用。

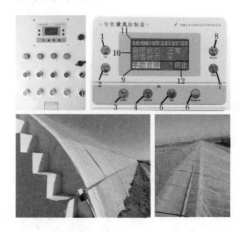

技术来源：内蒙古农业大学

北方寒区温室专用挤塑聚苯乙烯保温墙体

装备简介

项目开展了对日光温室后墙体保温节能材料的筛选，初步筛选出 20～30 cm 聚苯乙烯树脂及添加剂以一次压模一次挤压成截面均匀的板块挤作为温室墙体，保温效果最好。

技术要点

该材料具有连续均匀的表层及闭孔氏蜂窝结构，这些蜂窝结构的互联壁有一致的厚度，泡空间没有任何空隙，在吸水率、蒸汽渗透系数以及导热系数等方面均低于其他的板状保温材料，同时抗压强度却很高，因此具有优越的保温隔热性能、良好的抗水性和高抗压性能。主要具有以下特点：保温隔热、性能优异，抗压抗冲、强度超群，防水抗渗、性能稳定，经久耐用、品质卓著；便于施工、成本较低，不易降解。10 cm 的挤塑聚苯乙烯保温板的导热系数与 86 cm 土墙、100 cm 砖墙相当，保温效果优异。

适用范围

北纬 40°～44°，该日光温室的保温材料与普通保温材料相比可提高棚室温度 3～5 ℃，具有更好的保温、隔热效果，且使墙体结构更加坚固。

注意事项

对于冬季气温极度寒冷的地区，可适度加厚温室墙体及采取其他加温设施等。

技术来源：内蒙古乌兰察布市慧明科技开发有限公司

日光温室高压聚乙烯发泡保温棉被

装备简介

围绕冬季温室蔬菜生产，筛选出了采用聚乙烯高发泡保温材料（简称 PEF）作为内芯的复合保温棉被，并在内蒙古的大部分地区应用于生产。

技术要点

（1）绝热效果好：该材料发泡方式为完全独立的闭孔发泡，其导热系数仅为 0.038 W/（m·K），保温效果明显优于其他保温材料。

（2）防止结露：该材料为闭孔结构，主要是靠闭孔内的气体绝热。具有优异的抗水汽渗透能力，形成内置的隔汽屏障，即是保温层又是隔汽层，不需另设隔汽层。

（3）耐侯好：该材料由于交联度高、稳定性好，经紫外线人工照射 300 h，表层毫无变化，保温被外覆盖面料采用 150D 半弹春秋布，该布料质地柔软，抗伸拉强度高，使用寿命长。

（4）耐低温性好。在强低温下，材料结构不破坏、不变形、不龟裂。

（5）耐腐蚀性强：可耐多种化学药品。

（6）幅宽大：复合保温被幅宽可达到 4 m，无重叠接缝，提高了保温性能。

（7）防水性好：复合保温被为自防水产品具有不吸水、不脱胶滚包、不发霉等特点，不会因雨雪等原因而增加自重和热量传导。

适用范围

北纬 40°～44° 地域的日光节能温室。

技术来源：内蒙古农业大学

蔬菜穴盘苗定植打孔器

装备简介

蔬菜穴盘苗定植用打孔器解决了传统的蔬菜定植时定植穴大小深浅不一、标准难以统一、移栽过程中劳动强度大、劳动效率低、蔬菜移栽成活率偏低等一系列问题。这种蔬菜穴盘苗定植用打孔器效率高、成本低并且能够实现蔬菜移栽环节的规模化和标准化。相对于现有技术的手动操作，该打孔器易于实现地块的蔬菜移栽的批量化和标准化。而且该打孔器结构简单，成本低，操作简单，高效快捷，一次定位、成穴后无须重复修整，从而提高蔬菜定植效率。

技术要点

如下图所示，蔬菜穴盘苗定植用打孔器包括打孔支架、打孔钻头和把手，固定板连接至支撑框的下部，把手连接至支撑框的上部，其中固定板上间隔设置有多个可拆卸的打孔钻头，打孔钻头的钻头朝向下方。可以根据不同蔬菜种类定植需要，调节打孔钻头之间的距离。

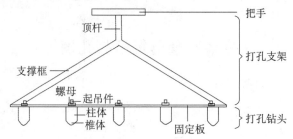

使用时将该打孔器竖直放置在膜上，打孔钻头完全压入地下，由此在地面上形成与打孔钻头形状对应的定植穴，然后再根据设定好的株距重复以上操作，做出整个地块的定植穴。打孔器的打孔钻头的直径和高度可根据不同蔬菜根系基质坨的大小以及定植时对定植穴大小的要求确定。该打孔器对垄面破坏小，破膜孔径小（田地铺有覆膜的情况），能有效地保护覆膜。移栽质量好，由此促进蔬菜快速缓苗，生长整齐、健壮。

适宜地区

蔬菜穴盘苗定植地区。

技术来源：湖南省蔬菜研究所

咨询人与电话：童辉　0738-84694509

农用小拱棚棚架

装备简介

农业用小拱棚棚架，结构简单、使用方便，安装后高度统一且美观大方，耐候性好、便于回收，可重复使用。

技术要点

农业用小拱棚棚架，是由标准一致的多根塑料材质的圆弧形骨架相互平行设置组成。骨架杆的两端为尖头梭形，表面标有刻度，便于在搭建拱棚时统一插入土中的深度。本棚架采用韧性好、可恢复性强的塑料材质作为骨架，便于拆建和回收堆放，可重复使用，降低生产成本；架杆表面光滑，可避免损伤塑料薄膜；骨架的表面标有刻度，可保证安装的拱棚高度一致，提高劳动效率，减轻劳动强度。

适用范围

全国各地均适用。

技术来源：湖南省蔬菜研究所

咨询人与电话：彭莹　0731-84694509

基于水分传感器数值的自控灌溉装置

技术原理

采用无线采集土壤水分含量，通过发送短信通知用户土壤水分含量，达到设置的阈值后，可进行自动和远程手机控制灌溉。通过检测土壤水分含量，控制灌溉的时间或水量，实现精确灌溉。

技术要点

（1）无线土壤水分采集技术。采用 Zigbee 技术对土壤水分通过水分传感器进行采集，通过数据采集模块定时将预处理的土壤水分值发送至数据处理主节点进行数据处理，数据采集节点一般是 30 s 采集一次土壤水分，每个采集节点可设定 1~3 个水分传感器对土壤水分进行采集。每个主节点支持 4 组无线土壤水分采集节点，每个节点到主节点的距离小于 200 m，确保通信的可靠性和质量。

（2）日光温室水分传感器埋设技术。温室滴灌黄瓜土壤田间水分传感器距滴头水平距离 10 cm，距滴头垂直距离 10 cm 处埋设。温室番茄的基质培水分传感器距滴头水平距离 10 cm，距滴头垂直距离 10 cm 处埋设。温室番茄的沙地水分传感器在沙地距滴头垂直距离、水平距离均为 10 cm 处埋设。

（3）远程控制和自动控制技术。使用 GSM 模块进行远程通信，用户可以使用手机短信和设备进行远程交互。在设备产生事件后，会触发通知事件，消息会以手机短信的方式通知用户。使用时选择移动或者联通运营商。远程控制和自动控制通过继电器控制电磁阀的关闭和打开，通过定时器进行传感器模块的灌溉时间控制。通过基于短信的远程交互进行远程控制，可控制继电器进行电磁阀开关操作。设置自动灌溉的阈值和适合作物生长的土壤水分阈值实现自动控制继电器进行电磁阀开关操作。灌溉过程中无须人员到温室进行开关水龙头和观察。需将电磁阀接入灌溉农田的灌溉水管开关处，使水阀处于常闭状态。电磁阀的开启与关闭时间小于 15 s。触摸屏设置数据显示和功能菜单导航，可进行本地操作。

适宜地区

西北地区日光温室生产的地区。

注意事项

温室的长和宽小于 200 m 并且无强电磁干扰。使用前需要测试通信的稳定性。

技术来源：宁夏大学信息工程学院计算机系

咨询人与电话：吴素萍　18995077058

日光温室基质培新装置

技术目标

有效解决基质容器栽培时，地面积水，影响生长的问题，且造价低。

技术要点

（1）起高畦：在设施内按 1.5 m 划线，在线中间按底宽 0.7 m、顶宽 0.5 m、高 0.4 m 起高畦，再在顶部挖 0.15 m 深、宽 0.35 m 的沟。

（2）前底角修排水沟。在日光温室前底角修整一个宽 0.3 m、深 0.3 m 的排水沟，与所有栽培高畦东西贯通。在温室西头或东头埋设一个 2 m³ 的水桶，用于收集废液，用水泵将废液排出棚外。

（3）铺一层园艺地布。全田（包括排水沟）铺盖一层黑色或白色园艺地布。

（4）铺防水膜。在排水沟铺设宽 1 m、厚 0.2 mm 的白色银灰色双色利得膜，修整平顺。在高畦顶部铺设宽 1.5 m、厚 0.2 mm 的白色银灰色双色利得膜，前底角防水膜深入排水沟，修整平顺。

（5）铺排水管。在高畦顶部沟内铺设Φ75 mm 的 PVC 排水管 3 根，铺设前在 PVC 排水管上按 300 mm 间距打孔，用于排出废液。铺设长度与栽培畦等长。

（6）放置基质栽培容器。在排水管上放置基质栽培袋或栽培槽或栽培桶。放置好后，安装插箭式滴灌。

适宜地区

全国设施复合基质蔬菜栽培。

注意事项

由于西北地区水质多为硬水且含盐量大，在栽培中排出的营养液宜排出棚外，供露地使用，不宜循环使用。

技术来源：宁夏大学农学院园艺组
咨询人与电话：李建设　13323513692

无土栽培增氧轻便型苯板栽培箱

技术目标

无土栽培增氧轻便型苯板栽培箱，利用苯板隔热保温原理，减轻环境对基质温度造成的剧烈波动，补充氧气装置保证基质内氧气供给，且成本低。

技术要点

（1）有盖苯板泡沫栽培箱。上方开有两个定植孔，定植孔 Φ10 cm。栽培箱长为 55 cm、宽为 29 cm、高为 26 cm、壁厚度为 2 cm。栽培箱底部开 Φ1.0 cm 的两个孔，用于排出废液。按每箱定植 2 株，每亩定植 2 000 株计算，每亩需要 1 000 个栽培箱。

（2）安装增氧装置。将栽培箱在田间摆放好，在栽培箱的中部两端打 Φ12 mm 的孔，将 Φ12 mm 的 PVC 管穿过，每个栽培箱内安装 2 个外镶式滴头，用于放出氧气。将所有的管子与 1.5 kW 的增氧泵连接，外部接口处用密封胶带粘贴。

（3）填充基质。直接往栽培箱内填充栽培基质，具顶沿高 5 cm 处。

（4）安装滴灌。基质填充好后，安装插箭式滴灌，每株一个滴箭。

（5）其他。根据栽培蔬菜种类选择配制营养液。浇灌时间、浇灌量根据基质含水量确定。

适宜地区

全国设施复合基质蔬菜栽培。

注意事项

前期基质疏松，可不开启增氧泵，在栽培中期每天 8—20 时开启增氧泵。注意检查每个滴头的出水情况，确保每个滴头出水量一致。

技术来源：宁夏大学农学院园艺组
咨询人与电话：李建设　13323513692

经济实用型基质培营养液
定量灌溉控制装置

技术目标

通过时间控制器控制水泵的开启和关闭，由灌溉时间确定供液量，从而实现基质培营养液的定时定量自动灌溉。

技术要点

（1）在温室内修建一个贮液池，用于配制营养液，一般每亩种植面积修建一个9 m³的贮液池。

（2）安装滴灌。槽培、沟培选用滴灌管系统；袋培、箱培选用滴剑式滴灌系统。水泵选用潜水泵，每亩选用750 W的潜水泵（扬程16~18 m，流量7~10 m³/h），种植面积大时要选用功率大的潜水泵，或用2个水泵分别控制浇水。水泵与滴灌系统连接好。水泵电源插到时间控制器上（如金科德定时器，慈溪市科德电器厂），用于控制水泵开启和关闭。

（3）确定时间出水量。在贮液池内加上8 m³

（通过测量贮液池的长×宽×高确定）水，给时间定时器定时 30 min，启动水泵，30 min 后测量浇水量，计算出每 10～15 s 的灌溉量，由于水泵厂家、滴灌类型、滴灌质量均有差异，定植前需要试验确定 10～15 s 的浇灌量。

（4）确定种植面积每天灌溉量。11 月到翌年 2 月，番茄、茄子、辣椒、黄瓜、西葫芦按每天每株浇灌 500～600 mL，西瓜、甜瓜按每天每株浇灌 450～500 mL，3—10 月，黄瓜按每天每株浇灌 500 mL，番茄、辣椒按每天每株浇灌 500～600 mL，茄子按每天每株浇灌 700 mL，西葫芦按每天每株浇灌 600 mL，西瓜、甜瓜按每天每株浇灌 500～600 mL，计算定植面积的总株数，计算每天的浇灌总量；再根据试验所得的 15 s 的浇灌量，确定定植面积每天的浇灌时间。由于基质保水性、栽培槽（容器）的渗水量均不同，栽培中要注意观察长势，生长过旺时减少浇水量，生长受抑制时增加浇水量。

（5）浇灌。按照营养液配方，在贮液池配制好营养液。设定每天灌溉时间，由时间控制器控制水泵开启，气温低时每天 10 时开启 1 次，气温高时每天 10 时、16 时各开启 1 次，但每天的灌溉总量一致。一池营养液浇完后，水泵断电，配制新营养液。

适宜地区

全国设施复合基质蔬菜栽培。

注意事项

注意检查每个滴头的出水情况，确保每个滴头出水量一致。

技术来源：宁夏大学农学院园艺组
咨询人与电话：李建设　13323513692

第三章

新型蔬菜优质高效安全
生产模式

设施生产新模式

北方寒区温室高效利用栽培
——二茬果菜二茬叶菜

技术目标

第一类温室是指在 1 月中旬温室内温度可保持在 0～3 ℃的温室；温室前屋面角度仅仅 20° 左右，而且前后跨度过大，约 9 m。在内蒙古地区，该种温室在每年 12 月 20 日至翌年 1 月 20 日期间，室内温度一般为 0～5 ℃，可以生产二茬果菜二茬叶菜。

技术要点

12 月 20 日开始黄瓜育苗，苗龄 50 天；翌年 2 月 20 日，在温室中扣小拱棚定植黄瓜。土壤 5 cm 温度达到 10 ℃以上，且连续晴天即可。黄瓜在 4 月初开始上市，可以持续到 7 月末至 8 月初。秋茬番茄 6 月中上旬育苗，一定要在 8 月上旬定植，如果育苗期延误或者栽植时间延误，不能保证果实在 11 月成熟，温室夜间温度低于 8 ℃，果实无法生长，就会导致茬口失败。在 10

月中旬果实即将成熟时，将下部老叶打掉，在行间播种油菜、菠菜等叶菜；在番茄采摘后集中叶菜管理，第一茬叶菜在元旦左右上市，第二茬叶菜可在 11 月育苗，第一茬叶菜采收后将大苗定植，2 月 20 号前第二茬叶菜采收结束。

适用范围

北纬 40°~44° 地域的第一类温室。

注意事项

春季土壤温度必须达到 8 ℃；秋季不能晚于 8 月 20 日。

技术来源：内蒙古乌兰察布市慧明科技开发有限公司

设施菜地稻菜轮作

技术目标

针对日光温室内部小环境特点，采用"水稻—蔬菜"的水旱轮作模式，选取适宜的水稻品种，采用分段灌水法，使日光温室连作土壤的氧化与还原过程交替进行，从而改善土壤理化状况，降低土传病害的发生率，缓解设施蔬菜连作障碍问题，保证设施蔬菜产业的绿色、可持续发展。

技术要点

（1）采用"水稻—蔬菜"水旱轮作模式，即在日光温室蔬菜收获后于夏季休闲时段（7—9月）种植水稻。

（2）水稻应在定植前40天左右进行育苗。育苗选用综合性状好、生育期短的品种，如临稻十一、清风香糯、津原85、盐丰47-7等，在蔬菜拉秧前40天左右播种，亩播量20～30 kg。播前采用浅漫灌或泼浇的方法使0～20 cm表土层达到暂时饱和为止。出苗前保温保湿，床土不干不喷水；出苗后至3叶期前，床土以干燥为主；3叶期后至移栽前，也以控水为主，严重干旱时，可浇"跑马水"，严禁大量灌水和积水；拔秧前3～5天每亩施尿素或复合肥5～10 kg。在秧苗1叶1心期至2叶期喷施$200\mu L/L$多效唑。

（3）定植前温室准备，整地、打埂。对地面进行整平后，每隔3 m作一畦面，两边打埂。埂高25 cm，底宽30 cm，顶宽20 cm，踏实。

（4）6月下旬进行水稻种植，行距15 cm，株距10 cm。水稻插秧前畦中灌足水，用铁耙等器具在畦面水中反复拖拭。以2蘖苗及2蘖以上秧苗栽1株/墩、1蘖苗2株/墩、0蘖苗3株/墩为宜，行株距（24～26）cm×（12～14）cm，亩栽2.2万～2.6万墩。栽插深度一般在1.5～2 cm。

（5）肥水管理。稻菜轮作一般不再施用基肥，根据水稻长势情况，施用追肥。水分管理的原则是"寸水活棵，浅水分蘖，够苗烤田，浅水孕穗，湿润灌浆"。插秧返青后保持1寸（1寸≈3.33 cm，全书同）左右的浅水层；分蘖期浅水勤灌，间歇露田促苗快发；亩茎数达到计划穗数的80%～90%时开始晒田；孕穗、抽穗期保持浅水层，灌浆期用活水养根保叶，干湿交替，保持湿润到成熟。

（6）收获。水稻适宜收获的时期，一般为蜡熟末期至完熟初期。

（7）种植下茬蔬菜。

适用范围

日光温室重茬种植区。

注意事项

本技术较常规蔬菜生产用水量多，需注意做好渗透防护，以防温室墙体受损。

技术来源：山东省农业科学院蔬菜花卉研究所
咨询人与电话：杨宁　0531-66659230

日光温室番茄架式轻简化栽培

技术目标

日光温室番茄架式轻简高效栽培技术是利用封闭式循环供液高架钵栽系统，在番茄三穗果打顶低段高密度栽培模式下的精准、省工、省力的栽培技术。该技术通过明确番茄适宜种植密度、栽培基质种类、栽培容器大小、营养液配方以及供给方式和数量，从而达到创新栽培管理模式，提高设施番茄轻简化、标准化和自动化生产水平的目的。

技术要点

1. 设施结构与性能要求

采用地平式或下挖式日光温室，土墙、砖墙或异质复合墙体，长度 50~80 m，跨度 6~12 m，脊高 3~5 m。山东地区日光温室一般跨度 10~12 m，脊高 3.8~5.0 m。温室的通风口处最好加装防虫网。

2. 品种选择

宜选用耐低温弱光、抗病、优质、丰产、商品性好，符合市场需求的优良品种，如齐达利、欧迪斯、粉佳儿、洛美等。

3.育　苗

嫁接多用劈接或套管嫁接法。

4.定植前准备

（1）温室清理与消毒：及时将前茬作物的残枝烂叶清理干净。为减少病虫害发生，可利用夏季休闲季节高温闷棚。

（2）架式栽培系统：封闭式循环供液高架钵栽系统由栽培槽（容积 1.0 L，聚苯板制作，距地高度 60 cm，横切面宽度 20 cm，高度 10 cm）、供回液管道、贮液罐、水泵等组成。

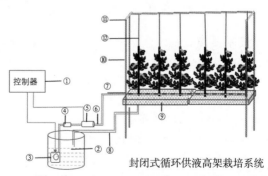

封闭式循环供液高架栽培系统

注：①控制器　②贮液桶　③水泵　④过滤器　⑤流量计和电磁阀　⑥供液主管　⑦供液支管　⑧回流液管　⑨栽培槽　⑩镀锌钢管　⑪钢管十字连接卡　⑫吊绳

5.定　植

日光温室秋冬茬栽培一般 5 月下旬至 7 月中下旬播种育苗，8 月上中旬至 9 月上旬定植。冬春茬一般 9 月下旬至 10 月中旬播种育苗，11 月下旬至 12 月下旬定植。基质采用草炭、菇渣、蛭石（体积比 1∶1∶1），株距 15 cm，行距 90 cm。采用山崎番茄专用配方，每天 7—19 时间隔 2 h 供液 1 次，每次供液至营养液开始回流为止。单干整枝，3 穗果后留 2 片叶打顶。

6.栽培管理要点

（1）环境管理：缓苗期，白天温度保持 25～28 ℃，夜间 15～18 ℃。缓苗后白天温度 23～25 ℃，夜间 10～15 ℃。光照管理应注意保持棚膜清洁，增加透光率。在温度允许的情况下尽量早揭晚盖保温覆盖物，增加光照时间。

（2）水肥管理：缓苗后适当控制浇水，进行蹲苗。待第一穗果坐住后，浇促果水，之后每隔 15～20 天浇一水，隔水施水溶肥（$N-P_2O_5-K_2O$ 为 16-8-34）5～10 kg/ 亩。每隔 1 穗果随滴灌追施氮磷钾复合肥 20 kg/ 亩。每次浇水追肥后注意加强通风排湿。

（3）植株调整：采用单干整枝，及时打去侧枝，待第一穗果进入白熟期，在晴天上午进行将植株底部的病叶、老叶及时摘除。

（4）保花保果：在每穗花开放 2～3 朵时，用 25～40 mg/L 番茄灵液点花或喷花，防止落花落果，促进果实膨大、早熟和丰产。

（5）病虫害防治：设施栽培番茄的主要病害有病毒病、灰霉病、叶霉病和疫病，主要虫害是蚜虫、斑潜蝇和粉虱。可分别采用农业、生物、物理措施和化学防治相结合的方法进行防治。

（6）适时采收：当果实达到其固有的大小、形状、色泽时即可采收，也可根据市场需求灵活调整采收时间。采摘时最好不带果蒂，以防装运时果实相互扎伤，影响外观品质。

适用范围

我国北方日光温室番茄栽培。

技术来源：山东农业大学

咨询人与电话：魏珉，李岩　0538-8246296

日光温室茄子水肥一体化栽培

技术目标

水肥一体化膜下滴灌技术是将地膜覆盖栽培种植技术与滴灌水肥一体化技术相结合的高效节水、增产、增效农业新技术。该技术充分利用滴灌施肥的省工、节水、节肥优势，配合地膜覆盖的增温、保墒、控制杂草等特点，从而达到节水、节肥、省工、高效的目的。

技术要点

1. 设施结构与性能要求

采用地平式或下挖式日光温室，土墙、砖墙或异质复合墙体，长度 50～80 m，跨度 6～12 m，脊高 3～5 m。温室的通风口处最好加装防虫网。

2. 品种选择

宜选用耐低温、耐弱光、抗病、优质、丰产、商品性好，符合当地消费习惯的优良品种。

3. 育　苗

农户可自行育苗或从专业育苗公司购苗。

4.定植前准备

（1）温室清理与消毒：上茬作物结束后，将前茬作物的残枝烂叶彻底清出温室。病虫害发生不重的温室，选晴天高温焖棚。操作用的农具同时放入室内消毒。为预防根结线虫病、黄萎病、根腐病等土传病害，可用氰胺化钙（石灰氮）、棉隆等对土壤进行消毒。

（2）整地作畦：定植前15～20天整地、施肥。每亩施腐熟鸡粪等有机肥5～7 m³，施肥后深翻25 cm，整平、耙细。采用垄栽或畦栽，大行距70～80 cm、小行距50～60 cm，株距40～50 cm。

5.定　植

（1）定植时期：日光温室一年一大茬栽培、秋冬茬或冬春茬栽培均可。

（2）定植密度：日光温室一年一大茬或冬春茬茬口，一般每亩定植1 800～2 000株。

（3）滴灌设备安装：采用水肥一体化膜下滴灌技术，定植后，要根据株距大小准备好相应的滴灌带，每行安装一条滴灌带。

（4）地膜覆盖：选择合适的地膜，一般在定植后第二天进行覆盖。覆膜时要拉紧地膜，四周用土压严，并封好定植口。

6. 薄膜更换

为提高茄子产量和品质，建议使用茄子专用膜。

7. 栽培管理要点

（1）温光管理：定植初期，温度一般控制在上午25～30 ℃，下午20～28 ℃，夜间15 ℃左右；开花结果期采用四段变温管理，即上午25～30 ℃，下午20～28 ℃，前半夜15～20 ℃，后半夜12～15 ℃。光照管理应注意保持棚膜清洁，增加透光率。寒冬阴雪天气，也要揭苫，增加光照时间。连阴后的晴天，温度骤然升高，当发现植株萎蔫时需及时回苫。

（2）水肥管理：浇水的原则，前期掌握少浇勤浇，低温期每次浇水要浇足，尽量减少浇水次数。缓苗期不用施肥，只浇清水。缓苗期过后，开始随水追肥。幼苗期分两次施肥（共计30天），根据幼苗期所需氮 0.015 g/（株·天）、磷 0.009 g/（株·天）、钾 0.053 g/（株·天），氮、磷和钾当季表观利用效率分别按35%、26% 和42% 计算，每15天所需肥料量溶解到水中，随水追施；之后进入结果期，所需氮 0.029 g/（株·天）、磷 0.016 g/（株·天）、钾 0.081 g/（株·天），按照每15天所需肥料量溶解到水中，随水追施，直至拉秧。每次浇水追肥后注意放风排湿。

（3）植株调整：采用单干或双干整枝。及时绑缚吊蔓，将多余的侧枝、花果摘除。对植株基部的老叶、黄叶须及时摘除，以改善通风透光条件。

（4）保花保果：为促进茄子坐果，防止落花和发生僵果，促进果实膨大，在茄子开花当天，每小袋丰产剂 2 号对水 350～500 g 喷花或蘸花。

8. 病虫害防治

设施栽培茄子的主要病害有黄萎病、灰霉病、叶霉病、菌核病、绵疫病等，主要虫害有蚜虫、白粉虱、红蜘蛛、茶黄螨等。可分别采用农业、物理措施和化学防治相结合的方法进行防治。

9. 适时采收

茄子达商品成熟时要及时采收。萼片与果实相连处的白色或淡绿色环带不明显或将要消失，为采收的合适时间。门茄应适当早收。

适用范围

我国北方日光温室茄子栽培。

注意事项

（1）因不同土壤中所含养分不同，定植前应测定土壤中基本养分含量，根据整个生育期计算出的需肥量，应减去土壤中原有养分含量。

（2）如果基肥充足，可省去幼苗期（30天）的施肥量，缓苗期和幼苗期只浇清水即可，从结果期开始随水追肥。

（3）为避免茄子缺素症状，建议在追肥时，加上通用微量元素配方。

（4）如果采用茄子专用膜，覆膜期间，不要用含硫的烟雾剂熏棚，以免损坏膜的性能，缩短使用寿命。

技术来源：山东农业大学

咨询人与电话：杨凤娟　0538-8249949

茄果类蔬菜安全防病隔离栽培

技术目标

该技术操作简易，可有效解决设施蔬菜土壤连作障碍，减少土传病害发生，降低农药用量，保证产品安全；实现非耕地蔬菜生产，缓解菜粮争地矛盾；可促进节水节肥，实现精准施肥和水分高效利用，提高作物产量，有效改善产品品质。

技术要点

1. 栽培设施的准备

在非硬化地面可采用地上栽培槽或下挖栽培槽的形式。地上栽培槽框架内径为 45～50 cm，高 40～45 cm，长度依温室的宽度而定，槽间距 65～70 cm，栽培槽一般为南北走向，材料选用 24 cm×12 cm×5 cm 的标准砖，铺设 0.1 mm 厚的无纺布或塑料薄膜与地面隔离，薄膜压在第一层砖与第二层砖之间，起保水作用及防止土壤病虫害对基质的传染，在编织布上铺入栽培基质，厚度一般为 40 cm。地下简易栽培槽，上口宽度 40 cm，下口宽度 25 cm，深度 25 cm。在硬化地面上可铺设泡沫栽培槽，槽外径 95 cm，内径 85 cm，内高 20 m，槽间距 65～70 cm，泡沫槽上铺设塑料薄膜，起保水作用。

2. 栽培基质

（1）基质配制：可用于有机基质的固体废料有：树皮、木屑、醋糟、酒渣、甘蔗渣、中药药渣、豆渣、椰子壳、稻壳、菇渣、玉米芯、秸秆、棉籽壳、烟屑、烟草渣、芦苇末、沼渣、鸡粪、猪粪、牛粪等畜禽排泄物等。有机物基质使用前必须经过充分发酵，以降低基质的碳氮比、并杀死基质内的病菌和虫卵。可加入一定量的无机基质以调整基质的物理性能，如珍珠岩、蛭石、炉渣、砂、岩棉、陶粒等。一般有机基质占总体积的 50%～70%，无机基质占 30%～50%。

（2）常用栽培基质：草炭∶蛭石∶菌渣∶牛粪 = 1∶1∶1∶1；菌渣∶发酵稻壳∶腐熟牛粪 =4∶5∶1；玉米或小麦发酵秸秆∶发酵鸡粪∶河沙 =4∶1∶3；腐熟牛粪∶发酵鸡粪∶发酵稻壳∶河沙 =5∶1∶3∶1；发酵稻壳∶牛粪∶腐熟鸡粪∶河沙 =2∶1∶1∶1；发酵稻壳∶腐熟鸡粪∶河沙 =3∶1∶1。

3. 供水水源

供水水源可利用自来水、水箱、水池等提供，水压不足 30 kPa 需安装水泵（功率为 1 100 W、出水量 5 m^3/h)。铺设微喷带,每槽设置 1 个阀门,便于管理。

4. 养分供给方式

(1)有机肥＋简易营养液:定植后随水浇施简易营养液,营养液中氮 150~200 mg/kg、钾 300~350 mg/kg;

(2)有机营养液:以沼液为例,营养元素按无机营养液浓度指标进行调控,pH 值 6.0~6.5,EC 值 2.0 mS/cm 左右;根据沼液养分含量调整氮磷钾浓度,氮 180~230 mg/kg、磷 40~60 mg/kg、钾 300~350 mg/kg。

(3)有机肥＋水溶肥:根据蔬菜目标产量、养分利用率等综合考虑化肥施用量;化肥施用量＝(1.5 倍目标产量需肥量-有机基质中速效养分量)/化肥中养分吸收率;化肥养分利用率,N 为 60%,P_2O_5 为 30%,K_2O 为 60%。

5. 基质重复利用与消毒

为维持有机基质的可持续栽培利用,向温室多茬栽培后的连作有机基质中添加腐熟秸秆或有机肥,以提高基质中的养分含量,改善基质理化性状。另外可用水浇透栽培基质,使基质含水量超过 80%,盖上透明地膜;整理温室,并用 1%的高锰酸钾喷施架材,温室密闭,利用夏季强光照或高温消毒。

适用范围

设施蔬菜种植产区。

技术来源：山东省农业科学院蔬菜花卉研究所
咨询人与电话：杨宁　0531-66659230

设施甜瓜玉米轮作秸秆还田

技术目标

改良设施土壤，提高土壤有机质，调节酸碱度，有效杀灭病原菌，防止土传病害。

技术要点

（1）玉米品种选择：选用地上部生物量较大的玉米品种即可，也可选择饲料玉米，如青饲2号、墨西哥玉米等。

（2）茬口安排：两茬甜瓜后种植玉米，玉米生物量最大时或者玉米收获后，地上部粉碎还田，进行强还原处理，土壤处理完毕后休闲1个月。

（3）秸秆还田强还原技术：将玉米秸秆机械粉碎，按每亩600～700 kg翻压入土壤20～30 cm处，采用旋耕机将秸秆与土壤混匀整平，灌水至饱和，用塑料薄膜密封，阻隔空气扩散进入土壤，进行强还原处理20天左右即可。

（4）把秸秆还田强还原技术与轮作模式有机结合起来，在传统轮作模式的基础上，利用轮作作物的秸秆废弃物作为土壤灭菌的主要原材料加以利用。既解决了秸秆废弃物处置问题，又解决土壤改良原料的问题。

适用范围

有水源，土壤排水和通透性好，设施大棚适合种植甜瓜，方便机械化操作的设施基地。

注意事项

（1）需要在适合种植甜瓜和玉米地块进行。

（2）玉米所有残体需要全部翻耕入土至少30 cm深度。

（3）秸秆与土壤需要混匀整平，灌水饱和，薄膜密封严实。

（4）处理时间20天以上，时间要保证。

翻压秸秆　　　　灌水饱和　　　　覆膜密封

技术来源：三亚市南繁科学技术研究院
咨询人与电话：曹明　0898-31510150

辣椒一茬多收长季节栽培

技术目标

利用设施保护措施及集成创新配套栽培技术，使辣椒全生育期达到 15 个月左右，一茬种植，春、秋、冬三季采收，节本省工，增产增收。

技术要点

（1）品种选择：选择株型紧凑、抗性强、再生能力强和市场适销的品种。如兴蔬 215、兴蔬皱皮辣、兴蔬 301 和好农 78。

（2）大苗越冬技术：10 月中下旬播种，11 月中旬（3～4 片真叶）进行营养钵覆膜排苗假植分苗。假植后闭棚 7 天左右，以后逐步揭膜。营养钵覆膜后基本不用浇水，追肥视幼苗长势可进行叶面施肥，尽量少喷液体。

（3）覆盖技术：2—4 月，大棚＋中棚＋小拱棚＋地膜覆盖；7—8 月，遮阳网＋防虫网覆盖，遮阳网昼盖夜揭；10 月至翌年 1 月，大棚＋中棚＋小拱棚（无纺布）＋地膜覆盖，夜温低于 16 ℃时，大棚两侧加设围裙膜，夜温低于 10 ℃时，加设中棚并覆膜，连续阴雨天气，中午进行放风 1~2 h。夜温低于 0 ℃时，加设小拱棚覆防水型农用无纺布并昼揭夜盖。

（4）水肥一体化技术：采用文丘里式施肥器，定植时灌定植水 15 m³/亩，约 15 天后灌缓苗水 10 m³/亩，门椒采收后（约 35 天）灌催果水 10 m³/亩。4—6 月每 10 天灌水 1 次，7—9 月每 7 天灌水 1 次，10—12 月每 10 天灌水 1 次，每次灌水量 6 m³/亩。从催果水起，每灌 2 次水随水追 1 次肥。

（5）越夏修剪技术：7 月中上旬，用枝剪在四母斗椒分叉处下 1 cm 处剪枝，保留 4 个分支。剪枝后盖遮阳网 7~10 天。每亩追施尿素 10 kg，浇足水。剪枝 15 天后喷洒番茄灵提高坐果率。

（6）综合防控技术：大棚四周全年安装防虫网；每亩地悬挂黄板 30 片；定植时穴施"靠山多霸"生物菌剂；7~10 天施用一次白粉虱蚜虫专用烟雾剂。

适宜地区

长江中下游地区。

注意事项

（1）夏季修剪后覆盖遮阳网，减少死苗。
（2）12月至翌年2月要注意保温，预防霜冻。

夏季剪枝

剪枝后再生

技术来源：湖南省蔬菜研究所

咨询人与电话：彭莹　0731-84694509

辣椒延秋越冬栽培

技术目标

利用设施保护措施及集成创新配套栽培技术，使秋茬辣椒供应期由原来的9—10月延迟至春节前后，错峰上市，提高经济效益。

技术要点

（1）品种选择：选择抗性强，丰产性好，株型紧凑、挂果率高、坐果集中的品种，如兴蔬215、湘研15号。

（2）漂浮育苗：7月中下旬播种，晴天中午盖遮阳网，阴雨天及时排干漂浮池里的水。幼苗2叶1心时叶片喷施1～2次200μL/L多效唑控徒长。

（3）水肥一体化技术：采用文丘里式施肥器，定植后灌定植水15 m³/亩，约15天后灌缓苗水10 m³/亩，门椒采收后（约35天）灌催果水10 m³/亩，果实膨大后每隔7～10天滴灌一次，每次灌水8～10 m³/亩。7—9月每7天灌水1次，10—12月每10天灌水1次，每次灌水量6 m³/亩。

从催果水起，每灌 2 次水随水追 1 次肥，采用全水溶性肥料。

（4）覆盖技术：8 月中下旬定植，盖遮阳网 7～10 天。夜温降至 16 ℃以下，晚上放下四周棚膜，夜温低于 10 ℃时，扣上中棚膜，遇连续阴雨天气，中午进行放风 1～2 h。夜温降至 0 ℃以下时，加设小拱棚覆防水型农用无纺布并昼揭夜盖。

（5）植株调整及采收技术：10 月底将植株的生长点和空枝全部摘除。如价格合理，9 月底至 10 月初仅将门椒、对椒摘掉；价格低也可不采，直接留果越冬至春节前后根据市场行情择机择期上市。

（6）病虫害综合防控技术：大棚四周全年安装防虫网；每亩地悬挂黄板 30 片；定植时穴施靠山多霸生物菌剂；7～10 天施用一次白粉虱蚜虫专用烟雾剂。

适宜地区

长江中下游地区。

注意事项

（1）移栽期要覆盖遮阳网，防止死苗。

（2）12 月至翌年 2 月要注意保温，预防霜冻。

技术来源：湖南省蔬菜研究所

咨询人与电话：彭莹　0731-84694509

温室辣椒长季节栽培

技术目标

日光温室辣椒种植一般为春提早或秋延后种植，为降低成本、简化操作，利用辣椒再生力强等特性，通过整枝修剪实现长季节（生长发育期达到一年或超过一年）栽培的目标。

技术要点

（1）培育适龄壮苗：育苗指标为株高 16 cm 左右，茎粗 0.15～0.2 cm，具有 6 片真叶，叶色深绿。

（2）重施底肥：每亩施腐熟有机肥 6～8 m³，同时施入磷酸二胺 10 kg、硫酸钾 10 kg、三料过磷酸钙 20 kg。

（3）种植密度：起垄宽 0.6 m、沟宽 0.5 m、垄高 0.25～0.30 m，平均行距 50 cm。铺设两条滴灌带，覆盖白色或黑色地膜。定植株距 35 cm，单株定植。

（4）整枝修剪：①春季辣椒植株定植后一般按正常管理至开花和结果到第四层（八面风）或

五层（满天星），获得前期产量后采取双干整枝、吊枝主秆连续结果。②夏季遇高温、强光照、极度干燥等条件植株会出现花打顶，小果和僵果等一系列异常现象，可通过修剪（平茬）保持主干和一定量的成熟分枝（双干、三干和四干整枝），使其处于休眠状态进行规避。待到夏末秋初气温开始温和再正常管理，开始第二次结果。③冬季遇低温、寡光照等不利条件也可通过修剪（平茬）保持主干和一定量的成熟分枝（单干、双干整枝）进行规避。待早春气温明显上升开始正常管理，继续开花、结果。

适宜地区

适宜西北地区日光温室保护地栽培。

辣椒双干整枝、吊枝主秆连续结果情况

辣椒双干整枝、双干整枝（高位平茬）
恢复生长初期的植株情况

辣椒低位平茬越冬植株生长初期情况

注意事项

从苗期到整个生长期加强病虫害的预防与防治，确保较长的生长期。

技术来源：新疆石河子蔬菜研究所
咨询人与电话：陆新德　13999531520

设施番茄西葫芦高效栽培

技术目标

　　山西中北部地区夏季相对凉爽，光热资源丰富，春夏秋三季特别适合番茄、西葫芦等多种喜温性蔬菜设施生产，设施番茄春提早和西葫芦秋延后栽培，产量高，品质优，效益好。

技术要点

　　1. 设施番茄春提早栽培

　　选择适宜品种。选择齐达利、圆红 212 等产量高、复合抗病性强、耐贮运的品种。

　　培育壮苗。2 月上中旬基质播种，3 月下旬至 4 月上旬定植，苗龄 45 天左右，秧苗约 5 片真叶。

　　合理的栽培密度。每亩定植 2 200 株。

　　合理进行水肥管理。每亩施有机基肥 20 m³ 以上，高温季节勤浇水，适量追施氮磷钾复合肥。

　　科学整枝。单干整枝，打侧枝在前期晚打，中后期早打，中后期打老叶。

　　2. 设施西葫芦秋延后栽培

　　选择适宜品种。选择法拉利或珍玉 35 等产量高、复合抗病性强、耐热性强的品种。

培育壮苗。7月上中旬基质播种,8月上中旬定植,苗龄25天左右,秧苗约3片真叶。

合理的栽培密度。每亩定植1 500株左右。

合理促控。从定植到结瓜前的20~25天除定植水和缓苗水外,结瓜前一般不再浇水,以使植株节间短、株型紧凑;结瓜后以促为主,水肥齐攻,一促到底,直至拉秧。根瓜坐住后3~5天浇1次水,以后天气渐凉,应逐渐延长浇水间隔时间。隔1水追1次肥,以速效肥为主,顺水冲施。

植株调整。根瓜坐住后5~7天即可采收,以免坠秧或化瓜。植株枝杈上的多余雄花要及时摘除,下部老叶逐步疏除。

适用范围

山西中北部地区塑料大棚及日光温室栽培。

注意事项

(1)避免一次性追肥量过大,以免发生肥害。

(2)前茬番茄施足有机基肥,西葫芦定植前整地不施有机肥,尤其是不施未腐熟的畜禽肥,可减少病虫害发生。

技术来源：山西省农业科学院蔬菜研究所

咨询人与电话：张剑国，阎永康，郝科星

13099084073

设施甜椒西葫芦轮作栽培

技术目标

采用甜椒与西葫芦轮作栽培，充分利用设施的温光条件，增加蔬菜产量，提高效益。

技术要点

（1）品种选择：甜椒选用较耐低温、耐贮运、高产、商品性好的品种。

（2）定植：甜椒，2月上旬育苗，4月初定植，每亩定植2 800～3 200株；7月中旬拉秧。西葫芦，7月下旬至8月初直播或8月初定植，每亩定植1 000～1 300株，大小行或等行距种植。

（3）整地做畦：甜椒每亩施用施充分腐熟的有机肥4 000～5 000 kg，加100 kg复合肥起垄10～20 cm、覆膜；西葫芦西葫芦播种前，清洁田园，翻晒土壤，亩施硫酸亚铁10 kg、硝酸磷钾肥50 kg。起垄10～20 cm，覆膜。

（4）田间管理：甜椒，花期整枝疏果。采收期，加强肥水管理，每10天左右随水施1次复合肥；西葫芦，每亩栽培面积用种子量150～200 g。

直播中耕，前期减少 32 ℃以上高温条件，通风换气，追肥时采取少量多次的原则，依棚室条件等合理配制保果剂噻苯隆、益果灵等植物生长调节剂授粉，西葫芦长到 200～400 g 时即可采收。

（5）病虫害防治：大棚安装 60 目防虫网，甜椒防治病毒病、疮痂病、炭疽病；西葫芦防治病毒病、软腐病、白粉病、防治蚜虫和白粉虱。

适用范围

北方塑料大棚蔬菜产区。

注意事项

后茬西葫芦必须在 7 月 20 日左右定植到蔬菜田，太早西葫芦病毒病严重，太晚西葫芦产量下降。

　　技术来源：山西省农业科学院蔬菜研究所

　　咨询人与电话：焦彦生，侯富恩，阎永康，郝科星　13546718916

露地栽培模式

水稻番茄水旱轮作栽培

技术目标

在热量充足，雨水充沛的地区，番茄极易感染青枯病等土传病害。水稻—番茄轮作可显著减少青枯病等土传病害的发生，减少化学农药使用，同时实现土地的周年生产，提高经济效益。

技术要点

1. 水稻栽培

（1）栽培时间：3月上旬至4月上旬进行水稻育秧，4月上旬至5月中旬进行插秧，7月至8月进行水稻收割。

（2）品种选择：水稻宜选用株型适中、抗性强、抗倒伏的优良品种，如丝苗、黄华黏等。

（3）育秧：播种前对种子进行催芽，催芽用50～55 ℃温水浸泡5～10 min，然后将种子沥干上堆，注意翻堆散热，露白后播于育秧盘中，秧苗长至8 cm时，可用于插秧。

（4）稻田管理：稻瘟病、白叶枯病、纹枯病、条斑病等是水稻的主要病害,稻飞虱、二三化螟等是主要虫害,以防为主,一旦出现及时用药。秧苗生长期间出现缺肥要适当追肥。番茄对二氯喹啉等除草剂敏感,水稻除草应避免使用此类药剂。

2. 番茄栽培

(1)栽培时间:嫁接苗于7月中旬开始育苗,8月上旬嫁接,8月中下旬定植,采收期从11月持续到翌年2月;不嫁接苗宜9月育苗,10月定植,翌年1—3月采收。

(2)品种选择:宜优先选用抗病毒病、根结线虫品种,在大小、颜色等方面可根据市场需求选择,如粉娇、圣桃T6等。

(3)育苗:采用穴盘育苗。不嫁接苗在播种后20~35天可定植;嫁接苗用抗土传病害、与接穗亲和力好的番茄或茄子做砧木,砧木要早于接穗播种。

(4)整地定植:采用深沟高畦,畦面宽1.2~1.5 m,沟宽0.35~0.5 m。番茄为喜肥蔬菜,基肥要配合整地使用,每亩施用优质商品有机肥150 kg、硫酸钾复合肥50 kg。整地起畦后覆膜,定植前一天灌水至土壤湿透,晴天上午定植,双行种植,株距为35~40 cm,亩栽

2 000～2 200 株。

（5）定植后管理：番茄苗长至 30 cm 左右开始搭架并绑蔓，搭架宜采用人字架式。整枝宜留 2～3 杆，及时摘除侧芽，对生长旺盛的无限生长型番茄宜进行连续摘心。定植至坐果，看苗追肥，略施有机肥即可，幼果期至采收期，勤追肥，以速效肥为主，施肥避开高温时段。连续炎热干燥天气注意防治病毒病等，连续阴雨天气注意防治早晚疫病、细菌性斑点病等。

注意事项

（1）按生产的等级，使用的化肥农药应符合相应标准。

（2）使用抗病优良品种。

适用范围

该技术适宜在南方水旱轮作地区推广。

技术来源：广西百色市现代农业技术研究推广中心

咨询人与电话：莫天利，蔡小林，黄台明 0776-3305817

新型拱架立体高效栽培模式

技术目标

采用新型拱架立体栽培模式，可充分利用时间和空间架内架外、架上架下、春夏秋冬进行茄果类、瓜类、叶类蔬菜轮作、套种和立体高效生产，棚架内可以种植喜阴叶类蔬菜，棚架外可种植露地蔬菜，棚架上适宜瓜类蔬菜的生长。方便机械化生产，提高生产效率和效益。

技术要点

（1）早春可盖膜，进行苋菜，苦瓜春提早栽培；苋菜4月中旬上市，当苦瓜藤蔓长至1.5 m，4月底揭去棚膜，苦瓜上架，苦瓜5月底上市，棚外露地4月底定植辣椒，6—7月开始上市。

（2）夏季覆盖遮阳网，或者利用上架的瓜类植株遮阴覆盖，进行越夏栽培。

（3）秋冬茬进行秋延越冬栽培，8—12月，棚架内种植辣椒，10月南瓜采收后，覆盖薄膜，实现辣椒秋延后栽培，可以延迟至元旦然后剪枝越冬春提早上市，棚外露地栽培菜薹。

适宜地区

长江中下游地区。

棚架外辣椒、棚架上南瓜、苦瓜立体高效栽培模式

技术来源：湖南省农业科学院蔬菜研究所
咨询人与电话：童辉　0738-84694509

第四章

蔬菜优质高效安全生产新技术

育苗技术

茄果类蔬菜大苗越冬育苗技术

技术目标

应用营养钵覆膜大苗越冬技术，增加茄果类蔬菜幼苗根际土壤温度，促进幼苗根系生长，提高壮苗指数，保证茄果类蔬菜大苗安全越冬，为茄果类蔬菜提早上市和提高效益奠定基础。

技术要点

（1）育苗床准备：选择疏松通气、保水力强、有适当肥力且前茬没种植过茄科作物的地块，按120～150 cm畦宽，制作高出地面25～30 cm的苗床，四周开20 cm深的排水沟。用40%火土灰、50%草炭、10%腐熟猪粪渣配制营养土，结合翻地用40%甲醛溶液喷洒进行土壤消毒。拌匀后用塑料薄膜密封1周时间，撤掉薄膜，待药气散尽后即可使用。苗床也可直接采用商品育苗基质。

（2）小苗培育阶段：采用冷床育苗，10月中下旬播种，播种宜选在晴天中午前后进行，播种前要把床土精细平整，一次性浇足底水。然后均匀撒播种子，播完后覆盖一层 1 cm 厚的营养土再盖地膜。加盖小拱棚，以利于出苗前保持土壤足够湿润并提高地温。出苗后及时去掉地膜，以防烧苗。苗齐后进入正常管理。

（3）大苗越冬阶段：11月中下旬当幼苗长出3～4片真叶时进行排苗。采用规格 10 cm×10 cm 塑料营养钵，用营养土装满浇透水后整齐排列好，钵体应紧挨，缝隙填土，注意营养钵表面平整，然后覆盖一层塑料薄膜，铺膜时要注意绷紧，紧贴营养钵，四周用土封严，以提高盖膜效果。排苗时在营养钵中心用竹签挑一小洞，然后幼苗假植在营养钵中，每孔排一株，假植宜浅，一般以子叶高出土面1～2 cm 为宜。假植后及时浇水使土稍稍下沉与根紧密接触，然后将过筛备用的潮细营养土，均匀撒在排苗孔上，防止土壤板结，并及时加盖小拱棚进行保温。

（4）大苗越冬期管理：假植后 1 周内为缓苗期，为促进早发新根，应闭棚 7 天左右，促使早缓苗活棵，以后逐步揭膜，让两头通风炼苗。每天多次短时通风换气降低苗棚湿度，以防止病害发生，改善棚内光照条件。大苗越冬期间保温是关键，应尽可能地提高苗床棚内温度，白天保持15～25 ℃，夜间 10 ℃以上。当温度低时可以在小拱棚上加盖保温棉毡，采取大棚膜＋小拱棚膜＋地膜多层覆盖保温方式。营养钵覆膜后基本不需要浇水，追肥视幼苗长势可进行叶面施肥，冬天防病以烟雾剂为主，尽量少喷液体。定植前7～10天要进行低温炼苗，加大通风量，以提高幼苗抗性。定植前做到节间短粗，根系发达，叶片大而肥厚，深绿有光泽，无病虫害，并带有花蕾的壮苗。

适宜地区

长江中下游地区。

技术来源：湖南省农业科学院蔬菜研究所
咨询人与电话：童辉　0738-84694509

茄果类蔬菜集约化育苗技术

技术目标

茄果类蔬菜集约化育苗有效利用科技含量较高的育苗设施和设备，不仅可以安全、稳定为春秋农业生产提供壮苗，而且省时、省工、节能，并可降低农药使用，为茄果类蔬菜高产、高效生产提供保证。

技术要点

（1）准备阶段：育苗设施应坚固、抗灾能力强，具备集约化蔬菜生长环境调控能力。在洁净、消毒处理过的水泥地面上或用基质搅拌机，将草炭土和珍珠岩按4:1比例混匀搅拌。珍珠岩添加调配时，夏季含量宜为20%，冬季含量宜为30%。珍珠岩和草炭土宜分层均匀倒入，搅拌均匀。在搅拌的同时根据基质的干湿程度加入水，其干湿程度以握在手中，松手后成团不松散，落在10 cm高的硬质材料上散开不成团为标准。

（2）播种：选择适应当地早春或延秋茄果生产的抗病、优质、丰产、商品性好的品种。根据每批次订单苗的定植期推算播种时间。包衣种子直接播种，未包衣种子采用温汤浸种进行种子消毒。将混拌好的基质或营养土均匀填装至穴盘孔格或营养钵中，以装八成满为宜。人工播种时宜逐行或逐列播种。播后用基质或营养土覆盖播种穴，厚度为 1 cm。采用人工或喷淋设备对覆盖后的穴盘淋水，至穴盘底部排水孔有水渗出为止。

（3）催芽：宜采用催芽室或苗床催芽。早春或延秋的订单均适宜在催芽室催芽。在适宜的催芽环境条件下，当 50%～60% 种子的子叶拱出时，运送至育苗设施。延秋订单亦可在苗床直接催芽。穴盘宜直接运送至育苗设施，按序摆放在苗床上，覆盖黑纱或微膜等材料保湿，当 50%～60% 种子的子叶拱出时，及时揭去覆盖物。

（4）苗期管理：①温度、湿度管理。幼苗生长阶段划分子叶平展期、第一片真叶生长期、成苗期、炼苗期。冬春季育苗，宜采用保温加温措施满足适宜幼苗正常生长发育所需的温度。夏秋季育苗，宜采用降温措施满足适宜幼苗正常生长发育所需的温度。冬春季宜采用通风、加热等措施降低育苗设施内的空气湿度。夏秋季宜采用洒水、喷雾等措施增加育苗设施内的空气湿度。②追肥。常用水溶性肥料为含微量元素的 N：P_2O_5：K_2O=20：10：20 肥料。子叶平展期至第一片真叶生长期：每周 1～2 次，浓度为 50～100 mg/kg。成苗期每周 2～3 次，浓度为 150～200 mg/kg。

（5）虫害防治：按照"预防为主，综合防治"的植保方针，坚持以"农业防治、物理防治、生物防治为主，化学防治为辅"的防治原则。蚜虫和粉虱宜用 10% 吡虫啉可湿性粉剂 2 000～3 000 倍液、20% 啶虫脒可湿性粉剂 1 500 倍液防治，交替轮换使用，每 7 天喷雾 1 次。猝倒病和立枯病宜用 72.2% 霜霉威水剂 800 倍液、30% 甲霜•恶霉灵水剂 1 000 倍液，灰霉病宜用 40% 嘧霉胺可湿性粉剂 800 倍液、50% 异菌脲可湿性粉剂，病毒病宜用 20% 吗胍•乙酸铜可湿性粉剂，病毒病应注意防治蚜虫，杀虫、杀菌剂交替轮换使用，每 7～10 天喷雾 1 次。

（6）成苗标准：子叶完整，叶色正常；辣椒真叶数达到 6～7 片，番茄和茄子真叶数达到 4～5 片；根系嫩白密集，根毛浓密，根系将基质紧紧缠绕，形成完整根坨；无机械损伤，无病虫害。

（7）分级：将穴盘或营养钵中过大或过小的种苗挑出，用同等大小的种苗替换，保证种苗的一致性。

适用范围

适于长江中下游流域茄果类蔬菜育苗。

注意事项

注意生产档案的留存。

技术来源：湖北省农业科学院经济作物研究所

咨询人与电话：王飞　027-87380819

蔬菜漂浮育苗技术

技术目标

蔬菜漂浮育苗技术可缩短育苗周期、提高幼苗整齐度、减轻劳动强度，培育出优质的壮苗。该技术简单易行，普通农民通过短期培训就能很快掌握；育苗规模小到单家独户，大到工厂化育苗都可适用。

技术要点

（1）营养液池的建造：建设永久性营养液池可以选用空心轻型砖或者建筑工程砖加灰浆筑建池埂，临时使用育苗池可直接在平地挖建。营养液池规格长宽应是育苗盘长宽整数倍多 2 cm，以便放盘取盘，高度为 10 cm 左右，池底铺塑料薄膜。

（2）育苗盘的选择：泡沫育苗盘有长 × 宽 × 高为 68 cm×34 cm×5 cm 的 200 孔、108 孔、78 孔，以及 56 cm×35 cm×5 cm 的 160 孔。茄果类和叶菜类蔬菜宜选用 200 孔或 160 孔，瓜类蔬菜宜选用 108 孔或 78 孔，底部小孔直径为 0.8 cm。

（3）育苗基质：选取商品育苗基质。基质要求透气、保水、保肥性良好，充分腐熟，无土传病菌，各种物料混合均匀，手感松软。

（4）基质装盘：选择平整、卫生的场地装盘。装盘原则是保证基质不架空，不过紧，松紧适中。装基质时，先将基质均匀倒入育苗盘内，然后将育苗盘表面的基质刮平，装后轻墩苗盘使基质稍紧实，然后在各中心点相对位置打孔穴，待播种。

（5）播种：每穴播1粒。瓜类、茄果类等形状不规则的蔬菜种子先催芽后用手工播种。白菜类、甘蓝类等圆粒蔬菜种子及经包衣呈圆粒状的种子可用穴盘播种流水线、针孔式真空吸附播种机等播种；播后盘面用育苗覆盖料（蛭石）覆盖，根据播种作物种子粒的大小，覆盖覆料的厚薄。

（6）上池：将播种后的泡沫盘依次放入漂浮池中充分吸水，育苗盘一般按一横一竖交错排放或两横排放。吸水后基质表面湿润色暗，及时检查泡沫盘底孔是否堵塞，处理表面松散、干燥、发白的基质，确保吸水充足均衡。

（7）苗期管理：按常规管理。

适宜地区

我国南方地区。

技术来源：湖南省农业科学院蔬菜研究所
咨询人与电话：童辉　0738-84694509

番茄嫁接育苗技术

技术目标

番茄采用嫁接育苗技术，可显著增强植株抗性，增强吸收水肥能力，有效提高番茄产量，改善番茄品质。

技术要点

（1）砧木选择：选择抗枯萎病、根结线虫等聚合多抗，根系发达，长势旺，与接穗亲和力强的茄子砧木或番茄砧木，如托鲁巴姆。

（2）播种：番茄砧木苗要比接穗苗早播 5～7 天（茄子砧木苗要比接穗苗早播 20～25 天），以便砧木苗比接穗苗生长粗壮，利于嫁接。

（3）嫁接：常用劈接法。在砧木基部第二片真叶往上 2.5 cm 处用刀片横切，接着在茎中央垂直纵切 2 cm 左右长的切口；将接穗苗保留上部 2～3 片真叶横切，再将接穗基部正反斜削成楔形接口，插入砧木切口，对齐后用嫁接夹固定。

（4）嫁接苗管理：嫁接后放入遮阳育苗棚，温度白天保持 25～28 ℃，夜晚 17～20 ℃，不能低于 15 ℃；嫁接后的 5 天内空气湿度保持在 90%～95%。成活后及时摘除砧木萌发的侧芽，嫁接后10～15 天可移栽。

注意事项

注意砧木与接穗的亲和性。

适用范围

该技术适宜在番茄主产区推广。

砧木切削

接穗切削

接合与固定

　　技术来源：广西百色市现代农业技术研究推广中心

　　咨询人与电话：蒋强，黄慧俐，杨谨瑛，黄台明　0776-3305817

长棱丝瓜育苗技术

技术目标

针对棱丝瓜种皮坚硬致密不易萌发、根系再生能力差及移栽种植成活率较低的特点，采用播前种子消毒催芽处理、护根育苗、苗期加强管理等措施来解决棱丝瓜种子发芽率低、发芽慢、出苗不整齐等问题，培育壮苗。

技术要点

1. 播种时间

在海南一般10月至翌年2月播种，具体根据栽培季节、气温条件和市场需求选择适宜的播种时间，在海南可以露地或设施育苗。

2. 种子处理

（1）晒种：一般浸种前晒种2～3天，晒种可促进种子后熟，提高发芽率。

（2）种子消毒：可用50～55 ℃的温水先浸种30 min，然后在25～30 ℃条件下浸种12 h；也可先用清水浸种1～2 h，然后用10%的磷酸三钠溶液浸种20 min；或用腐霉利1 500倍溶液浸种 15～20 min，捞出洗净后再放入常温下浸种 2～3 h，可以预防能够丝瓜苗期灰霉病等。

（3）浸种催芽：由于棱丝瓜种皮较硬，发芽较慢，为提高发芽速度和整齐度，可在浸种 1 h 以后，将种子轻轻咬出小口，然后催芽；也可以用 0.5%～1.0% 过氧化氢溶液浸种 10 个 h，然后用清水冲洗干净后晾置 8～12 h 进行催芽，可以有效打破丝瓜种子休眠，促进丝瓜种子发芽。催芽在 25～32 ℃ 的条件下恒温或者变温进行，每 8 h 用温水冲洗 1 次，翻种 1 次，待 80% 种子露白时即可播种。

3. 播种前育苗土壤或基质准备

长棱丝瓜一般采用露地直播或者营养钵护根育苗。

（1）直播前用地准备：要选择土层深厚、肥沃、排灌方便、pH 值在 5.5～7.0 的沙壤土为宜。基肥以腐熟农家肥为主，辅以适量化学肥料，一般每亩施 2 000～3 000 kg 农家肥、过磷酸钙或钙镁磷肥 40 kg、饼肥 30 kg。经堆沤后拌匀，加三元复合肥 30 kg、尿素 30 kg，进行沟施并与土壤混匀，然后深翻做畦，畦宽 140 cm（包沟）、畦高 30～40 cm，长度以实际大田为准。长棱丝瓜不耐寒，最好实行地膜覆盖。覆膜时，尽可能选择晴天无风的天气，地膜要紧贴土面，四周要封严盖实。地膜可选白色、黑色和银灰色等。

（2）护根育苗基质的准备：育苗基质各地可以因地制宜选用本地的腐熟农业废弃物加一定比例的肥料进行适当配比，如海南省适宜选择木渣：蔗渣：椰糠 =6：1：3（体积比），混合后每立方米基质可以加入 2 kg 三元复合肥。将配制好的育苗基质装于营养钵或育苗穴盘中。

4. 播种方法

播种时，土壤或固体基质湿度保持75%左右，每穴或每钵播种 2 粒，深度为 2 cm，种粒平放，播后覆土 / 基质并浇透水。播种宜晴天进行，露地覆膜直播时，破孔尽可能小些，以免风大时掀膜。

5. 苗期管理

露地育苗2～3 天后有50% 幼苗出土时撒去覆盖物，苗期应保持土壤 / 固体基质湿润，见干见湿。保护地育苗时，除以上措施外，白天保持在 25～32 ℃，夜间在 18～20 ℃，促使幼苗快出土，一般 4～6 天，即可出齐苗；幼苗出土后要适当降温，白天控制在 22～28 ℃，夜间在 15 ℃左右为宜。护根育苗一般情况下苗期不用追肥，如有缺肥症状可以喷洒 0.3% 的复合肥水进行根外追肥。露地直播覆膜栽培时，定苗后浇 1～2 次水肥，然后用干细土将破孔封严。

6. 间苗定苗

长棱丝瓜，在幼苗期 3～4 片叶时进行间苗，每穴留 1 株壮苗。

7. 苗期病虫害的防治

长棱丝瓜苗期主要病害为猝倒病、灰霉病；苗期主要虫害为蚜虫、地老虎、潜叶蝇。除了常规的农业防治、物理防治外，推荐采用植物源农药（如藜芦碱、苦参碱、印楝素等）和生物农药（如克枯草芽孢杆菌、多角体病毒杀虫剂、BT 粉等）防治病虫害。

适宜地区

主要适合海南地区，广东、广西（广西壮族自治区，全书简称广西）、福建可参考部分技术内容。

注意事项

（1）海南省的土壤一般偏酸，土壤有机质的含量较低。在海南进行直播育苗时，整地同时每亩撒施石灰 50～100 kg 来调节土壤的酸碱度。

（2）人工嗑种在少量种子催芽时也有较好的效果，批量种子可以用 0.5%～1.0% 过氧化氢溶液浸种效果较好。

（3）长棱丝瓜播种后直接覆盖干草或者遮阳网以保温保湿，利于出苗。

（4）长棱丝瓜根系再生能力较弱，育苗移栽时注意护根，切忌伤根。

营养钵（杯）育苗

苗床育苗

基质穴盘育苗

技术来源：海南大学热带农林学院园艺学院
咨询人与电话：陈艳丽　0898-66256105

冬瓜嫁接育苗技术

技术目标

冬瓜是华南地区人民非常喜爱的一种蔬菜，但生产中存在着不耐低温、土传病害严重等问题，筛选多抗性的砧木品种，采用嫁接育苗技术，解决上述生产问题。

技术要点

（1）育苗基质：选用椰糠∶农家肥∶河沙＝5∶3∶2 比例配制的育苗基质。将基质装入砧木育苗穴盘，可用含量 40% 的多菌灵 500～800 倍液喷洒育苗穴盘，要求浇透育苗基质。

（2）砧木与接穗的选择：选用亲和力好、抗逆性强的海砧 1 号、海砧 2 号、雪藤木 2 号作为砧木。接穗品种选择铁柱 168、墨地龙冬瓜、铁将军等优良品种。

（3）砧木与接穗播种：南瓜砧木较冬瓜接穗晚 2～3 天浸种催芽，将种子浸种消毒后，将其放置在 30 ℃左右催芽箱中催芽，待芽长到 1～3 mm 时，将南瓜砧木种子播入 60 孔穴盘中，播种深度为1 cm左右，而冬瓜种子则密集播入苗床之中，播种密度以种子不重叠为宜，播种后均覆盖育苗基质，盖塑料膜保湿保温。

（4）播种后管理：种子出苗前，白天温度控制在28～30 ℃，夜间温度22～25 ℃。40%种子顶土时及时掀开遮阳网，60%～80%种子顶土时，并视温度情况喷施3 500～7 500倍不等浓度的多效唑可湿性粉剂（含量为20%），同时加强通风透光，防治砧木下胚轴徒长。

（5）嫁接：当南瓜砧木第一真叶成梭状，冬瓜接穗第一真叶刚冒尖时即可嫁接，南瓜砧木嫁接前剪除子叶1/3～1/2前端。嫁接时嫁接人员和嫁接工具均需用75%乙醇溶液消毒，接穗则用3 000～5 000倍普力克浸泡2～3 s。嫁接方法采用顶插接法。

（6）嫁接后管理：将嫁接好的幼苗前1～3天要密闭，同时覆盖90%的遮阳网，浇水时揭开棚膜，浇水完后及时密闭，保证小拱棚内有足够的湿度，5～7天后视苗情揭开遮阳网，然后逐渐将膜揭开。幼苗接口完全愈合后撤除棚膜，适当浇水追肥，进行炼苗，注意防治病虫害。嫁接成活后，应及时摘除砧木发生的不定芽。嫁接12～15天后即可出圃。

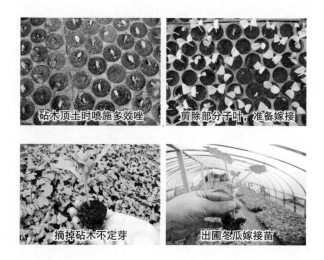

砧木顶土时喷施多效唑

剪除部分子叶，准备嫁接

摘掉砧木不定芽

出圃冬瓜嫁接苗

技术来源：海南省农业科学院蔬菜研究所
咨询人与电话：廖道龙　0898-65373089

作物栽培技术

南方大棚多层覆盖栽培技术

技术目标

利用钢架大棚进行大棚＋内膜＋小拱棚＋地膜四层覆盖栽培技术可以将早春辣椒上市始期从4月下旬提前至4月上旬，从而填补南方地区蔬菜"春淡"市场，增加菜农收入。

技术要点

（1）大棚及覆盖材料：选择跨度为6 m或8 m的钢架大棚，大棚拱高为2.5～3.2 m，大棚外膜用长寿耐高温、耐老化的聚乙烯无滴膜，厚度为0.8～1.2 mm，内膜可选用0.3 mm厚的薄膜覆盖，小拱棚内膜用可选用0.8 mm厚的薄膜覆盖，所有薄膜必须干净、透光、无破裂。

（2）育苗：参见茄果类蔬菜集约化育苗技术。

（3）整地施肥：定植前2周将土壤深翻30 cm后结合整地施足底肥，可每亩施商品有机肥500 kg和氮磷钾复合肥50 kg。农家肥撒施深翻土中，复合肥沟施于畦面中央，深度10 cm。畦宽90 cm，

蔬菜优质高效生产新技术

畦高 20 cm，沟宽 30 cm，采用地膜覆盖。

（4）扣棚增温：定植前 7 天先扣好大棚外膜，再在大棚内纵向拉 5 根铁丝，铁丝距棚顶膜 20～30 cm，呈弧形，中间铁丝两边覆盖内膜，内膜可选用 0.3 mm 厚的薄膜覆盖，两内膜中间用夹子夹严。内膜外侧与大棚外膜裙膜底部相连，在两内膜之间形成密闭空间，可起到保温效果，使棚内地温提高，利于定植后缓苗。

（5）适时定植：在 2 月上旬选晴天定植，每亩定植 3 800 株，宜营养钵定植，定植后浇足水并加盖小拱棚。

（6）温度管理：定植后当天应将大棚四周围严，一般 5～7 天内不通风，闭棚增温。晴天及时揭开小拱棚，增加光照，提高棚温。夜间盖上小拱棚，注意防寒。3 月下旬可解除内膜和小拱棚，5 月上旬当外界夜间最低温度稳定在 15 ℃时，即可揭掉大棚裙膜，保留大棚顶膜，防后期暴雨，减少病害发生。

（7）水肥管理：前期浇足定植水，初花坐果时适量浇水，辣椒开始大量采收时加强追肥浇水，保持土壤相对湿度 70% 左右；分别在采收初期和盛期，每亩大棚追施复合肥 10～15 kg，追肥水后应及时通风降湿。

（8）植株调整：宜及早摘除第一花序下所有侧枝，及时摘除老叶、病叶及过多的细弱杈枝，以节省养分，增强通风透光；及时搭立支架，中耕除草，培土上畦。

（9）病虫防治：大棚春季辣椒病害主要有灰霉病、疫病，虫害主要有蚜虫、烟青虫等，应及时防治。

（10）及时采收：当辣椒果实达到商品椒标准时应及时采收，特别是门椒更应及早采摘。

适用范围

适于长江中下游流域早春蔬菜生产。

注意事项

注意冬春季节长时间低温阴雨天气时需要补光和增温。

技术来源：湖北省农业科学院经济作物研究所
咨询人与电话：王飞　027-87380819

韭菜水培技术

技术目标

土壤栽培韭菜，由于韭蛆严重，防治困难，用药导致农药残留等问题。采用营养液水培的方式，解决韭菜生产中韭蛆的问题，实现韭菜的安心、安全生产。

技术要点

（1）栽培系统：韭菜水培生产栽培技术主要包括栽培系统和栽培管理技术。栽培系统主要有两种形式，一种是架式栽培，另一种是漂浮栽培。主要包括催芽系统、栽培槽（漂浮板）系统、循环系统、营养液管理系统。

（2）播种：①将播种纸置于清水内浸湿，平铺到格盘上；②将处理过的种子播种到对应的格盘孔处，每孔2~3粒；③平整地覆上覆盖纸，并将格盘周边整理平整；④把预先倒入水箱内浸湿的珍珠岩捞出，均匀地覆盖在格盘上，厚度0.8~1.0 cm。

（3）苗期管理：韭菜出芽后即可放入栽培槽

内，查看根系是否接触到营养液。放到栽培槽的第一周，要保证珍珠岩湿度。放入栽培槽的第一个月，根据根系生长调节营养液深度 1～2 次，每次下降约 0.5 cm。

（4）生长期管理：及时降低营养液的深度，在第一次收获前降至距顶部 2～4 cm 即可。及时清理老化叶片，加强设施环境的调控，营养液温度控制在 25 ℃以下，室温在 30 ℃以下，夜温在 10～20 ℃。在设施的放风口、天窗等处安装防虫网（60 目以上），并悬挂黄板。

（5）收获：韭菜第一茬的收获宜控制在 120 天以上，最低不少于 90 天。在根际以上 2 cm 左右处采收，不宜贴根收获。

（6）循环系统和营养液的管理：每天清洗过滤器，并对堵塞的出水管进行疏通。在苗期浓度控制在 EC 值 1.8～2.0 ms/cm，旺盛生长期 EC 值 2.0～2.4 ms/cm，采收前 5 天，将浓度降低到 EC 值 1.6～1.8 ms/cm。pH 值控制在 6.4 左右。在苗期营养液每天循环 8 次，冬季可适当减少 1～2 次，每次 30 min 即可。在夏季高温期间可加大循环次数和时间。

适用范围

全国设施均可生产。

注意事项

（1）珍珠岩要浸透，捞出时不要带过多的水。

（2）播种后珍珠岩覆盖厚度要确保。

（3）催芽时及时检查，防止出芽过长。

（4）营养液浓度的调整要及时，EC 值变化幅度超过 ±0.3 ms/cm 即需要调整。

（5）保证营养液循环系统通畅、浓度适宜。

技术来源：北京市农林科学院蔬菜研究中心

咨询人与电话：武占会　010-51503553

封闭式循环槽栽培技术

技术目标

针对土壤栽培土传病害、连作障碍严重以及非耕地利用等问题，采用自主设计的栽培槽，建立封闭式循环的栽培系统，实现生产的节水节肥、高产高效、生态环保。

技术要点

（1）栽培系统：如下页图所示，栽培槽系统包括高脚式栽培槽和从下往上依次设置的起支撑作用的多孔隔板、起过滤作用的多孔材料、珍珠岩和带有定植孔的盖板，盖板将栽培槽的开口完全盖住，栽培槽的下表面设有向下突出的圆柱形排水口。水循环系统包括营养液池、水泵和循环管道。将水泵与供水主管、供水支管依次连接，回水支管和回水主管依次连接。栽培槽下方配一根供水支管和一根回水支管；在供水支管上设有同定植孔相同数目的供水毛细软管，并将供水毛细软管末端插入栽培槽的定植孔；最后将回水支管上设有的圆孔依次与栽培槽底部的圆柱形排水口相连接。

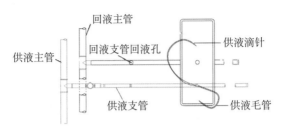

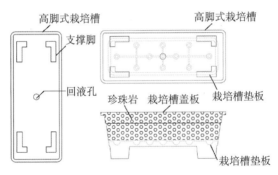

（2）营养液管理（以番茄为例）：定植到缓苗期营养液浓度 EC 值控制在 2.0～2.2 ms/cm，缓苗后逐步提高至 2.6～2.8 ms/cm，开花后逐步降低至 2.4 ms/cm 左右，在结果期和采收期控制在 2.4～2.8 ms/cm。pH 值控制在 6.2 左右即可。每

1.5～2 个月浇灌半天清水，以冲洗基质内的盐分。定植后营养液浇灌灌溉时间每天 3 次，每次 10～15 min；在生长盛期和结果期每天 5～8 次，每次 10～15 min，灌溉总量控制在每天 2 L/ 株。在高温季节增加循环的次数和时间，寒冷季节减少浇灌的次数和时间。

（3）循环系统的管理：每天清洗过滤器，并定期检查滴针出水情况，并及时疏通供液管。

适用范围

全国设施果菜均可生产。

注意事项

（1）定植前应进行试水，保证灌溉系统的通畅，冲刷基质中的杂质。

（2）珍珠岩应选择直径大小在 0.3～0.5 cm，颗粒均一产品。

（3）营养液的调整要及时，EC 值变化幅度超过 ±0.3 即需要调整。

（4）注意查看循环系统是否通畅，及时疏通。

技术来源：北京市农林科学院蔬菜研究中心
咨询人与电话：刘明池 010-51503519

叶菜多层立体栽培技术

技术目标

通过多层立体栽培架以及潮汐式供液方式，实现叶菜高产高效生产。

技术要点

（1）栽培系统：主要包括栽培架和营养液控制系统。栽培架由标准化铝型材连接而成，共分3层，栽培架尺寸为120 cm×33 cm×173 cm，底层高度60 cm，中间两层高度50 cm。每层放置一个114 cm×28 cm×8 cm的PVC水槽，底层放置营养液水箱，可采用基质盆栽和岩棉栽培方式。营养液控制系统为集成设计的控制箱，实现潮汐式灌溉模式下对3层的灌溉时间、灌溉量、维持时间的控制。

（2）营养液的管理：定植到缓苗期营养液浓度在EC值1.6～1.8 ms/cm，缓苗后逐步提高至EC值2.0～2.2 ms/cm，采收前5天降低至EC值1.6～1.8 ms/cm。pH值控制在6.2左右即可。潮汐式灌溉模式为灌溉间隔时间1 h，维持时间3 min，营养液深度2 cm。在整个生长期间，在高温季节增加循环的次数和时间，寒冷季节减少浇灌的次数和时间。

（3）循环系统的管理：每天清洗过滤器，定期查看循环系统运行情况。

适用范围

全国设施叶菜均可生产。

注意事项

（1）定植前应检查系统运行情况，营养液控制系统是否正常。

（2）营养液的调整要及时，EC 值变化幅度超过 ±0.3 即需要调整。

（3）注意查看循环系统是否通畅，及时疏通。

技术来源：北京市农林科学院蔬菜研究中心
咨询人与电话：季延海　010-51503003

复合基质培高糖番茄生产技术

技术目标

利用复合基质栽培,通过选用专用品种、控制灌水量及肥料的用量,来达到生产含糖量7%以上的栽培方式,为高糖鲜食番茄栽培。

技术要点

1. 品种选择

选择抗病、优质、高产、商品性好、适合市场需求的品种。春夏茬栽培选择耐低温弱光、对病虫多抗的品种,如日本粉太郎 1 号、粉太郎 2 号、京番 301、京番 302、沙丽等;秋冬茬选择高抗 TY 病毒病、耐热的品种。

2. 基质配方

配方一:(草炭:蛭石:生物有机肥:料饼)+ 熟黄豆粉 = (1:1:1:0.3) +5 kg/m³

配方二:(草炭:珍珠岩:生物有机肥:料饼)+ 熟黄豆粉 = (1:1:1:0.3) +5 kg/m³

3. 营养液配方

高糖鲜食番茄复合基质栽培营养液配方,

在第一穗果坐果前配方见表 1，在第一穗果坐住果后配方见表 2，营养液微量元素通用配方见表 3。

表 1 高糖鲜食番茄第一穗果坐果前营养液大量元素配方

元素	NO₃—N	NH₄—N	P	K	Ca	Mg	S
浓度（mmol/L）	8	0.8	0.8	4	4	2	2

表 2 高糖鲜食番茄第一穗果坐果后营养液大量元素配方

元 素	NO₃—N	NH₄—N	P	K	Ca	Mg	S
浓度（mmol/L）	8	0.8	0.8	4	4	2	4

表 3 高糖鲜食番茄复合基质栽培营养液微量元素配方

元 素	Fe	B	Mn	Zn	Cu	Mo
浓度（mg/L）	3	0.5	0.5	0.05	0.02	0.01

4. 营养液管理

定植后 3～6 天开始滴灌营养液，按每天每株300～400 mL 量浇灌，气温低时每天上午 10 时滴灌 1 次；气温高时每天 10 时、16 时各滴灌 1 次。高温季节要经常检测基质中的电导率，以不超过2.2 ms/cm，正常以 1.8～2.0 ms/cm 为宜。浓度高时，应兼灌清水，适温及低温季节浓度可逐步提高，但以不超过 3.0 ms/cm 为宜。及时检查滴灌出液是否均匀或堵塞情况，以确保养分的充足供应。

5. 增施叶面肥

生育期内每 7～10 天向植株喷施 1% 氯化钙或其他适宜叶面施用的钙肥。

6. 授　粉

采用熊峰授粉。在第一穗花 25% 开花时，放置熊峰，每亩放置 1 箱（40～60 只），30～35 天后更换 1 箱。

振动授粉器授粉。接通电源，将授粉器摆动杆放在花穗柄上振动 0.5 秒，点到即可；授粉时间在 9—15 时，夏秋季节隔天 1 次。春冬季 3～4 天一次（根据番茄开花生长情况灵活掌握）；授粉时无须标记，可重复授粉，整穗坐果后授粉结束。

7. 采　收

采收时应根据市场分类把握成熟度。供应当地市场的，在商品成熟期采收，远距离运输的一般要在转色期采收。采番茄采收后，要根据果实大小和形状等进行分级，分类包装上市。

适宜地区

全国设施复合基质高糖鲜食番茄栽培。

技术来源：宁夏大学农学院园艺组
咨询人与电话：高艳明　13369513605

长江中下游早春耐热叶菜早熟高效栽培技术

技术目标

长江中下游冬春季节阴冷、寡照且漫长，本地蔬菜主要是耐寒或半耐寒的叶类蔬菜和根茎类蔬菜，3月后，这些蔬菜也开始抽薹开花，蔬菜供应进入"春淡"季节。利用设施进行苋菜、蕹菜、叶用红薯等耐热叶菜的早熟栽培能有效缓解早春蔬菜供给矛盾，填补"春淡"缺口，丰富市场供应，提高设施栽培效益。

技术要点

1. 品种选择

品种选择原则是口感好、耐低温弱光、抗病性强、再生能力强和市场适销等。苋菜、子蕹、藤蕹、叶用红薯品种分别是新一代特别红大圆叶苋菜998、泰国空心菜、湖南藤蕹和台湾番薯7-1。

2. 藤蕹、叶用红薯越冬留种繁育技术

（1）藤蕹大棚越冬留种繁育技术：藤蕹9—

10月收获一茬后不再刈割，酌施适量复合肥，禁施氮肥，注意淋水保湿，促进缓慢生长，最后放干水，让其自然落叶；11月下旬，全田控水，保证宿根变健壮硬实；12月，即霜冻来临前，采取多重覆盖方式（大棚＋中棚＋小拱棚＋无纺布/地膜）进行保温增温；2~3天后撒施一遍草木灰，随后覆盖一遍干燥的细土基质混合物（细土：基质=2:1），半个月后再覆盖一次，不仅充分的保持了地表温度，而且有效地控制了湿度，保证种藤安全越冬。

翌年3月下旬，当藤蔊幼芽长到7~10 cm时，取4 cm有节点且带一片叶在200孔的漂浮盘中进行扦插繁殖。

（2）叶用红薯越冬繁育技术：选用台湾番薯7-1品种。于10月20日至11月15日，薯尖即将罢园时，选用茎蔓粗壮、叶片肥厚、无气生根、无病虫害的薯条，剪取15 cm左右，留3~4节，斜插入土2~3节，行距20~25 cm，株距25~30 cm，每亩定植7 200株左右为宜。扦插之前，在生根剂和嘧菌酯的混合液内浸泡5~10 min，扦插时用粗细适当小棍打洞，扦插后浇水紧土。11月下旬，盖膜保温；3月上旬温度提升后，去除地膜，大肥大水促茎叶生长，转入常规管理。采收期间每隔 15～20 天追肥 1 次，每亩穴施活性有机肥 100 kg 或三元复合肥 15 kg。追肥本着少施勤施的原则，可结合浇水进行；每隔 7～10 天叶面喷施 0.3% 磷酸二氢钾加 5% 尿素混合液 1 次，一般全生育期喷 4～6 次。

3. 早熟栽培技术

（1）提早播种（扦插）：苋菜 1 月中旬播种；子蕹 2 月上旬播种；叶用红薯 10 月下旬扦插；藤蕹 2 月中下旬扦插。

（2）大播种量（高密度）：苋菜每亩播种量为 5 kg；子蕹每亩用种量约为 20 kg；叶用红薯每亩定植 7 200～9 000 株；藤蕹每亩定植 3 000 株左右，待枝条长到 20～25 cm 时，将枝条分向两侧用泥土进行压蔓。

（3）重有机肥：底肥以有机肥为主，每亩 1 000 kg 或农家肥 3 000 kg，首先在床底铺垫一层 10 cm 厚的新鲜牛粪等酿热物，再盖上 10 cm 厚的培养土，将种子撒播在培养土上，最后盖上地膜。

（4）多层覆盖。

表　不同早春叶类蔬菜早熟栽培覆盖技术

叶类类型	覆盖方式	技术要点
苋　菜	大棚＋中棚＋小拱棚（3层覆盖）	时间：1月中旬至4月初 播种前1周先扣好大棚外膜，并在大棚内搭建中棚并覆膜。播种后，搭小拱棚覆膜保温保湿。特别寒冷时在小拱棚上再加盖一层无纺布或草帘等保温材料，棚内温度尽量维持在15～25 ℃
子　薤	大棚＋中棚＋小拱棚（3层覆盖）	时间：2—4月 播种前1周先扣好大棚外膜，并在大棚内搭建中棚并覆膜。播后立即覆盖地膜，加盖小拱棚。子薤出苗后揭去地膜
藤　薤	大棚＋中棚＋小拱棚＋无纺布（4层覆盖）	时间：11月至翌年2月 11月初搭好中棚覆盖薄膜，12月10日覆盖5 cm厚干燥的细土基质混合物（细土:基质=2:1）时盖好地膜或者无纺布，搭好小拱棚，盖上小拱棚膜 时间：2—4月 2月中旬轻轻扒开厢面上的细土，仍采用"大棚＋中棚＋小拱棚＋无纺布"的4层覆盖

续表

叶类类型	覆盖方式	技术要点
叶用红薯	大棚＋中棚＋小拱棚（3层覆盖）	时间：10下旬至翌年4月初 扦插前扣好大棚外膜，搭建中棚并覆膜。12月中旬霜冻来临之前搭建小拱棚，盖上小拱棚膜，保温越冬

（5）病虫害防治：冬春叶类蔬菜病虫害较少，主要病害有苗期猝倒病和茎腐病，是由于气温过高或过低，相对湿度过大所引起，通过温湿调控可减轻病害的发生。主要害虫有小菜蛾、菜粉蝶、甜菜夜蛾、斜纹夜蛾、红蜘蛛、蚜虫等。

适用范围

该技术适合长江中下游地区。

技术来源：湖南省农业科学院蔬菜研究所
咨询人与电话：殷武平　0731-84694509

长江中下游冬闲稻田菜薹优质高效栽培技术

技术目标

长江中下游地区是我国水稻的主产区，也是我国秋冬蔬菜的优势产区。针对长江中下游地区气候特点和耕作茬口现状，研究并集成了一套水稻冬闲田菜薹免耕栽培模式及配套技术，利用水稻冬闲田发展湖南省优势特色蔬菜产业，提高土地利用率，增加农民收入，对保障长江中下游地区叶菜类蔬菜的周年生产和均衡供应具有重要意义。

技术要点

1. 水稻冬闲田菜薹高效栽培模式茬口安排

一季早稻采用直播栽培，4月上旬播种，7月底至8月初收获。菜薹采用漂浮育苗移栽，7月下旬播种育苗，8月上中旬移栽于大田，根据菜薹品种的熟性不同分批上市，极早熟菜薹品种最早可以在9月初上市，中熟品种在9月底可以大量上市，10月底采收结束。

2. 一季早稻直播栽培技术

（1）选用良种。一季早稻栽培的良种主要是湘早籼45。

（2）浸种催芽。大田用种量3～4 kg/亩。用咪鲜胺2 000～3 000倍液浸种12 h以上，采用少浸多露催芽，破胸露白后用拌种剂、驱鸟剂均匀拌种后摊晾1～3 h即可播种。

（3）适期播种。最佳播种期4月5—12日。

（4）田间管理。①追肥：以"稳头、顾中、保尾"为原则，直播后6～10天，施用水稻专用肥15 kg/亩及氯化钾12～15 kg/亩；抽穗期可结合喷药施0.2%磷酸二氢钾。②大田水管：分蘗期应灌遮泥水，排灌结合，适时烤田，并分次轻烤。当田间总蘗数达到预期穗数的80%时开始搁烤田。在孕穗期，则采用浅水勤灌、间歇交替的方法，以后水不见前水为宜。抽穗至齐穗期保持浅水，后期保持湿润状态，收割前7天断水，以防止脱水过早，影响灌浆结实。③病虫害防治：以农业防治为主，采取水稻群体优化调控技术，增强水稻植株自身抗性。主要病虫害有水稻纹枯病、水稻二化螟、三化螟和稻纵卷叶螟等。

（5）收获。成熟度达95%～100%时便可收割。

3. 菜薹栽培技术

（1）品种选择。中熟品种：选择湖南兴蔬种业有限公司的五彩黄薹3号；早熟品种：选择武汉金阳红种苗农业有限公司的银琳白菜薹；极早熟品种：湖南湘研种业有限公司的湘早薹二号白菜薹。

（2）漂浮育苗。菜薹7月下旬开始育苗，采用漂浮式水培法育苗，同时配合遮阳降温，提高成活率。

（3）整地定植。结合整地每亩撒施45%氮磷钾复合肥（15-15-15）50 kg、碳酸氢铵50 kg与土混匀翻耕，开沟做畦，畦宽1.8 m（包垄沟宽30 cm），沟深25 cm左右，畦长超过30 m要开腰沟沥水。当苗龄达20～25天、真叶4～5片时定植，选壮苗于晴天傍晚移栽，栽后马上浇定根水，定植株行距35 cm×45 cm，栽植密度约为3 000株/亩。

（4）水肥管理。移栽缓苗后，用尿素5 kg/亩对水稀释后浇施，作为提苗肥。移栽25～30天，植株现蕾时，用尿素7 kg/亩对水稀释后浇施，作为显薹肥。每次采薹后，隔15天左右均匀追施适量稀薄粪水或45%氮磷钾复合肥（15-15-15）10 kg/亩。

（5）病虫草害防治。菜薹虫草害发生较轻，病害主要是软腐病，物理和化学防治法相结合。

（6）及时采收。菜薹生长速度快，一般在菜薹长 30 cm 左右时采收。采收时，菜薹切口要稍斜且切面平整，不能留桩，否则影响侧薹生长。

适用范围

该技术适合长江中下游地区应用。

技术来源：湖南省农业科学院蔬菜研究所
咨询人与电话：殷武平　0731-84694509

苦瓜早熟高效栽培技术

技术目标

为解决苦瓜种植提早集中采收难、早期产量低和商品性不高等问题，采用密植强整枝方法，使采收期提早 5～7 天，前期产量增加 30% 以上，实现苦瓜提早集中上市，收获早期高价，经济效益明显。

技术要点

（1）种植畦准备。用 42% 威百亩水剂等进行熏蒸消毒，15 天后去掉地膜，翻耕透气，待气味散尽，再起深沟高畦，畦高 30 cm，沟宽 500 cm，畦面 1 200 cm，覆盖银黑地膜，双行种植。

（2）培育壮苗。将苦瓜种子用 3% 漂白水浸泡 10 min 后用清水冲洗干净，再放清水中浸种 6～7 h，后置于 30 ℃条件下恒温催芽，将露白种子播于穴盘中，苗龄达到 4 叶 1 心时进行移栽。

（3）高密度种植。行株距 90 cm×35 cm，种植密度 2 000～2 200 株 / 亩。

（4）强整枝。当主蔓长至 0.5 m 时引蔓上架，搭 A 字架或 Y 字架，采用绳子引蔓，摘除所有侧枝，仅留主蔓结瓜；若主蔓缺失则留 1 条粗壮侧蔓，每条蔓留 6～10 个瓜后打顶，如继续留瓜可再选留一条粗壮侧蔓。

（5）平衡施肥。按总施肥量的氮：磷：钾比例为 1.0：1.3：2.1 分段进行苦瓜整个生长周期的配方，重点施足基肥、促蔓叶肥、坐瓜肥等。

（6）病虫害综合防控。按相关规定，采用农业防治、物理防治、生物防治和化学防治等措施相结合进行病虫害的综合防控。

注意事项

（1）按生产的等级，使用的化肥农药应符合相应标准。

（2）使用抗病优良品种。

适用范围

该技术适宜在苦瓜主产区推广。

技术来源：广西农业科学院蔬菜研究所
咨询人与电话：黄如葵　0771-3245200

番茄避雨栽培技术

技术目标

为解决雨水对番茄种植的不利影响，采用避雨栽培技术，可减少病虫害发生，提高产量和品质。

技术要点

（1）搭建拱棚：拱棚跨度6～8 m，棚顶高2.5～2.8 m，棚肩高1.8～2 m，棚长视田块长短而定，采用0.12 mm厚的聚乙烯薄膜覆盖顶部并扎牢。

（2）品种选择：选择高产优质抗病的品种，如强悍、朝霞、艾比利、莎丽、拉比二号等。

（3）播种育苗：采用穴盘播种育苗，播种后30天左右，幼苗长至3～4片真叶时即可定植。

（4）整地定植：整地时亩施优质商品有机肥200 kg、硫酸钾复合肥50 kg、钙镁磷肥50 kg作基肥。采用深沟高畦种植，畦面宽约0.8 m，高约0.3 m，沟宽约0.4 m，畦面双行种植，行距约0.5 m，株距约0.4 m。

（5）搭架整枝：番茄苗长至 30 cm 左右开始搭架并绑蔓，搭架宜采用人字架式，植株每增高 20~30 cm，绑蔓 1 次。整枝宜留 2~3 根干，及时摘除侧芽，生长旺盛的品种宜进行摘心处理。

（6）保花保果：花朵盛开时，用浓度为 20~30 mg/L 的番茄灵喷花，每个花朵只喷 1 次。

（7）及时追肥：定植后 6~7 天施 1 次低浓度水肥，幼果期至采收期施 3~5 次追肥，以速效肥为主，根施与叶面喷施相结合。

（8）病虫害防治：苗期注意防治病毒病、灰霉病、叶霉病、蚜虫、潜叶蝇等；开花坐果期注意防治早疫病、晚疫病、灰霉病、烟粉虱等。

注意事项

生长周期注意加强整枝打芽以增强通风透光。

适用范围

该技术适宜在华南番茄主产区推广。

技术来源：广西百色市现代农业技术研究推广中心

咨询人与电话：钟勇，陈千付，黄台明，韦淑丹　0776-3305817

海南西瓜设施栽培技术

技术目标

利用海南冬季光温资源，在每年的1—3月错季生产优质高产西瓜供应全国市场。

技术要点

（1）选地建棚：选择地势平坦、排灌方便，土壤肥沃的壤土或沙壤土，设施大棚采用GP-C7541Z型钢管塑料大棚、GP-C813Z加强型钢管塑料拱棚、WSSG-6430连栋温室均可。

（2）品种选择：选用抗逆、抗病、优质、丰产、耐贮运、商品性好、适应市场需求的品种。如早佳（8424），新一号，美都等品种。

（3）种子处理：将种子放入初始温度为55～60 ℃的温水中搅拌，15 min冷却至室温，浸种4～6 h。然后将种子冲洗干净、用湿布包好，在30～32 ℃的条件下催芽。

（4）育苗嫁接：基质育苗，调控苗床温度和湿度，控制浇水。砧木1叶1心，接穗刚1心。先将接穗45°斜切，砧木45°斜切去掉生长点，将二者结合夹好，子叶同一水平线，平铺地膜保湿。

（5）定植及田间管理：适当稀植，吊蔓栽培为1 000株/亩左右，3蔓整枝，不超过1 200株，炼苗7天，需适期整枝，2～3蔓整枝，吊蔓栽培。

（6）水肥管理：整地施有机肥500～1 000 kg/亩，复合肥50 kg/亩。后期水肥一体化追肥，苗期高氮肥，后期高钾肥。

（7）授粉留瓜：人工、化学授粉均可，宜在上午8—9时进行。应选瓜形正常，子房肥大发亮者留下，其余去掉。留瓜的蔓在瓜前留3～4叶摘心，不留瓜的蔓作为营养蔓，依植株生长状况摘心或者始终不摘心。

（8）病虫害防治：注意棚内通风，降低湿度，预防白粉病的发生，同时注意防治蚜虫，预防病毒病的发生。不要使用剧毒农药，少用药，多使用生物防治和生物药剂，保证西瓜绿色无公害。

（9）采收：采收时间应根据栽培季节与温度情况而定。对花时要做标记，以便分批保证成熟上市。

适用范围

海南北部地区适宜播种期为9月至翌年1月；

南部地区可全年播种。

西瓜育苗

西瓜田间种植

技术来源：三亚市南繁科学技术研究院

咨询人与电话：杨小锋，曹明 0898-31510150

海南甜瓜设施栽培技术

技术目标

利用海南冬季光温资源，在每年的 12 月至翌年 4 月错季生产优质高产甜瓜供应全国市场。

技术要点

（1）选地建棚：选择地势平坦、排灌方便，土壤肥沃的壤土或沙壤土，设施大棚采用 GP-C7541Z 型钢管塑料大棚、GP-C813Z 加强型钢管塑料拱棚、WSSG-6430 连栋温室均可。

（2）品种选择：选用抗逆、抗病、优质、丰产、耐贮运、商品性好、适应市场需求的品种。如西州密 17 号、西州密 25 号、长香玉、南海蜜、金海蜜、金凤凰、金辉、蜜世界、墨玉等品种。

（3）种子处理：甜瓜可通过干种直播也可先催芽再播种。将种子放入盛有初始温度为 55 ℃温水中，搅拌 15 min 冷却至室温，浸种 4 h，将种子取出，用清水洗净，湿布包好，在 32 ℃条件下催芽，出芽后播种。

（4）育苗管理：基质育苗，调控苗床温度和湿度，控制浇水。要求土壤相对湿度在80%以上，空气相对湿度50%～60%。夜间床温控制在18 ℃左右，白天棚温控制在20～25 ℃。

（5）定植及田间管理：适当稀植，900～1 500株/亩，炼苗7天，需适期整枝，单蔓双蔓整枝，吊蔓栽培。

（6）水肥管理：整地施有机肥500～1 000 kg/亩，复合肥50 kg/亩。后期水肥一体化追肥，苗期高氮肥，后期高钾肥。

（7）授粉留瓜：人工、化学授粉均可，宜在上午8—11时进行。选择果形周正，无畸形，果柄粗壮的幼瓜留下，其余去掉。在幼瓜长到250 g时及时吊瓜，25～27叶时及时摘心打顶。

（8）病虫害防治：预防白粉病、枯萎病、霜霉病、蔓枯病的发生，同时注意防治烟粉虱、斑潜蝇、蓟马等。通风、清洁大棚，使用诱虫板、引诱剂、诱虫灯、套袋、生物农药等多种生态友好型防治手段。

（9）采收：采收时间应根据栽培季节与温度情况而定。对花时要做标记，以便分批保证成熟上市。

适用范围

海南省秋季播种期一般在 10 月上中旬至 11 月上旬，春季栽培播种期在 1 月下旬至 2 月中旬。

甜瓜育苗

甜瓜田间种植

技术来源：三亚市南繁科学技术研究院

咨询人与电话：杨小锋，曹明　0898-31510150

冬瓜防寒减灾技术

技术目标

我国华南地区冬春季冬瓜生产，在每年1—2月，冬瓜伸蔓期或开花期常遭遇倒春寒或极寒的天气（0~5 ℃），严重影响冬瓜的生长发育，甚至导致植株冻死乃至绝收。集成的冬瓜防寒减灾技术可极大减轻对冬瓜造成的损失。

技术要点

（1）在生产中选择以耐寒性强、根系发达的海砧1号或雪藤木2号为砧木冬瓜嫁接苗，在寒潮来临7~10天前，采用1 000~2 000倍丙环·嘧菌酯悬浮剂、500~800倍液的海岛素、500~600倍液艾米格叶面肥等药剂喷施植株叶面；提高植株免疫力，适当控制植株营养生长，促进叶片增厚，提高其抗寒性。

（2）寒潮来临3~5天前，结合浇水每亩追施10 kg黄腐酸钾，保持土壤湿而不渍，充分发挥土壤中高强。

（3）严禁冬瓜藤蔓上架，将其藤蔓盘绕在地上，同时利用遮阳网或防虫网在西　北部建立防风障，减少寒风直面袭击的强度。

（4）此期间天气稍转暖或不下雨（气温仍低于 15 ℃），喷施 80% 代森锰锌 1 000～1 200 倍液、2% 春雷霉素 500～800 倍液以及海岛素 500～700 倍液，连续喷施两次；预防细菌性病害以及疫病，提高植株抗性。

（5）待温度稳定回升至 12 ℃以上，如原主蔓寒害较轻且节位尚未来超过 25 节位，可保留原主蔓，摘掉主蔓上的侧蔓、残叶和花果；若主蔓已冻伤或折断，在瓜蔓的第 3～5 节处剪掉主蔓，待主蔓新长出 2～3 个的侧蔓后，可统一择留一健壮侧蔓；待温度稳定至 20 ℃以上，每亩追施 10 kg 氨基酸类液体有机肥和 8 kg 挪威复合肥；待植株再有 12～15 片正常新叶时，便可进入生殖生长管理。保留原主侧建议在 35 节左右留瓜，如节位过

寒害前

寒害后

高，建议采用去主蔓择留侧蔓的方法；后者一般在 18～20 节可授粉留瓜。

技术来源：海南省农业科学院蔬菜研究所
咨询人与电话：廖道龙　0898-65373089

苦瓜嫁接育苗及高效丰产栽培技术

技术目标

苦瓜冬春季生产时常遭遇连续低温弱光而造成大量化瓜，重茬造成病虫害严重，选用优良的砧木进行嫁接栽培可有效地防治瓜类枯萎病等土传病害，克服低温的不利影响，覆盖地膜可保水保肥，防止杂草丛生。

技术要点

（1）品种选择：砧木品种为苦砧2号（黄籽南瓜）、中原共荣（白籽南瓜），耐寒、抗病，接穗为翠柳苦瓜。

（2）嫁接育苗：基质配方为草炭：珍珠岩：有机肥=6:3:1，基质用多菌灵消毒。接穗提前3天播种，砧木和接穗种子温汤浸种消毒后，浸泡8 h后进行播种，砧木播种于8 cm×10 cm规格的黑色育苗钵内，接穗播种于128孔穴盘。30 ℃左右催芽室中催芽，60%拱土后移到育苗温室，当南瓜长出心（真）叶，苦瓜长出1叶1心时采用靠接法嫁接。先用刀片将砧木苗两子叶间的生长点切除，在子叶下方与子叶着生方向垂直的一面上，子叶节下 1 cm 处，呈 35°～40° 角向下斜切一刀，深达胚轴直径的 2/3 处，切口长约 1 cm。将苦瓜苗从苗床中取出，在子叶节下 1 cm 处，呈 25°～30° 角向上斜切一刀，深达胚轴直径的 1/2～2/3 处，切口长约 1 cm。将苦瓜苗与砧木苗的切口准确、迅速地插在一起，并用嫁接夹夹紧，使苦瓜子叶在南瓜子叶上面呈十字交叉型。嫁接时要边嫁接边覆盖，嫁接完后，用黑色膜覆盖进行遮光处理。接后 1～3 天需全天覆盖遮阴及保温保湿，之后视天气情况于每天 10—15 时遮光，其余时间透光；小拱棚内温度控制在白天 32 ℃，夜间 20 ℃，湿度控制在 90% 左右。7 天后全天见光，要逐步进行通风、降温、控水炼苗处理，白天温度保持在 25 ℃，夜间保持 15 ℃。喷施代森锰锌 800 倍液和农用链霉素 4 000 倍液预防苗期病害发生。嫁接 10～15 天后去除嫁接夹，按一般苗床管理，定时补充大量元素。嫁接苗成活后及时除去砧木发生的萌芽。

（3）定植：嫁接后 25～30 天可定植。一般海南冬春季北部可在 11 月至翌年 2 月定植，南部可在 9 月至翌年 2 月定植。前茬避免葫芦科蔬菜，定植前深翻土壤并晾晒，做成宽

1.5～1.7 m（包含沟）的畦，结合深翻，每亩施入 1 500～2 000 kg 的腐熟有机肥，覆盖黑色地膜。选择晴天下午，用打孔器在畦面按照株行距（0.5～0.6）m×（1.2～1.3）m 打孔，浇透水，放入嫁接苗，覆土定植。

（4）田间管理：当苦瓜苗出现卷须应及时搭架，主要以平棚架或拱形架为宜。1 m 以下的侧枝摘除，植株下部的老叶、病叶及时摘除。定植后每隔 5 天浇施 0.5% 的复合肥，每采收一次后，每亩施入三元复合肥 15～20 kg。可结合水肥一体化进行肥料补充。冬春季栽培时，开花期，每天上午 8—10 时可以进行人工辅助授粉，促进坐果。适时采收，以免坠秧，影响连续结果。苦瓜病虫害防治主要以白粉病和瓜实蝇为主。

苦瓜嫁接技术（靠接法）

苦瓜搭架方式

技术来源：海南大学热带农林学院
咨询人与电话：田丽波　0898-66291290

结球生菜高效丰产栽培技术

技术目标

通过新品种的选择，合理的肥水管理制度，病虫害综合防控技术等技术措施，使结球生菜达到高效丰产，品质适于加工出口和供应肯德基、麦当劳餐厅的水平。

技术要点

1.品种选择、培育壮苗

适于加工出口及供应高档餐厅的结球生菜品种KF08、福雷斯等。采用128孔的穴盘，以进口草炭和蛭石3：2为育苗基质，春季苗龄28天左右，其他地区根据季节、气候条件以及育苗设备的不同略有差异，定植前进行适当炼苗。

2.整地施基肥

冬前深耕翻，基肥以有机肥料为主，以复合肥料为辅。底肥用有机肥200 kg/亩、复混肥50 kg/亩、过磷酸钙50 kg/亩掺混在一起，然后加杀虫剂辛硫磷3 kg/亩，预防地下害虫。撒肥后，立即旋耕起垄、铺膜、铺带机组合在一起进行起垄铺黑地膜（厚度 0.008～0.012 mm）、地灌带。采用两种起垄方式，一种是宽幅黑色地膜，幅宽 2 m，垄宽 1.8 m 左右，垄面宽度 1.4 m 左右，栽植 4 行，铺 2 条滴灌带。另一种是使用幅宽 90 cm 的地膜，垄面宽 60 cm 左右，铺设一道滴灌带。

3. 定　植

露地定植时间山东 3 月下旬至 4 月初、8 月下旬至 9 月初；上海 2 月下旬至 3 月上旬、9 月下旬至 10 月上旬。在垄上按行距 33 cm 左右，株距 30 cm 左右定植，分别栽在滴管带的两侧，每亩保苗 4 900 株左右。一个地块全部栽完后，应该立即浇一遍水，以利于幼苗根部与土壤充分接触，促进新根生成，尽快缓苗。

4. 田间管理

（1）肥水管理：定植后随即浇定植水，缓苗后用 5 kg/ 亩的尿素随滴灌施入，以促进发根和叶生长，以后每次滴灌可以视土壤的湿度而定，灌水的原则是以勤灌少灌为主；定植后 15～20 天，发棵前为促进莲座叶的形成，第二次追肥，滴灌追施 5～10 kg/ 亩易溶性氮磷钾复合肥；开始包心时，可以用喷洒 0.1% 磷酸二氢钾。定植 30 天后，进行第三次追肥，滴灌追施易溶性复合肥施

10～15 kg/亩，收获前约15天停止浇水。大雨后要及时排水防涝。

（2）综合防治病虫害：结球生菜病害主要有苗期立枯病和猝倒病、灰霉病、霜霉病、菌核病、软腐病、褐斑病、黑斑病、顶烧病（生理病害）等。虫害主要有：地老虎、蝼蛄、蚜虫、蓟马、美洲斑潜蝇、小菜蛾、菜青虫、甜菜夜蛾、蜗牛、蛞蝓等。病虫害应以防为主，综合防治。实行轮作制度，及时清洁田园，入冬前翻耕土地。使用频振式杀虫灯对金龟子、甜菜夜蛾、地老虎等害虫。黄板诱虫，捕杀蚜虫、斑潜蝇、白粉虱、潜叶蛾等多种迁飞性害虫。高温季节要保证充足的土壤水分，可叶面喷施钙和硼叶面肥等防治顶稍病。

5. 收　获

从定植至采收的天数，早熟种约55天，中熟种约65天，晚熟种75～85天。品种KF08，在山东成熟期55天左右，在河北成熟期60天左右。选择成熟度较好、球形达到标准的生菜进行采收。采收标准，可用两手从叶球两旁斜按下，以手感坚实不松为宜。将叶球自地面割下，预留3～4片外叶保护叶球，以利于运输。

适用范围

适于各地高档结球生菜生产基地。

注意事项

选择优良品种，病虫化学防治要严格按国家规定的无公害蔬菜生产用药标准进行。一般喷洒过化学农药的菜，夏天7天后、春秋10天以后才可以收获。

技术来源：青岛农业大学，浩丰（青岛）食品有限公司

咨询人与电话：李敏　0532-88030113

土壤修复改良

大蒜秸秆熏蒸防治土壤根结线虫技术

技术目标

生物熏蒸是利用植物有机质在分解过程中产生的挥发性杀生气体抑制或杀死土壤中的有害生物的方法。中国作为世界第一大蒜生产国,每年产生的大量蒜秸,如不被合理利用,不仅浪费资源,而且污染环境。笔者研究发现,大蒜秸秆腐解过程释放的含硫化合物可抑制根结线虫卵的孵化,并对根结线虫产生较强的麻醉及杀灭效果。

技术要点

(1)收集大蒜秸秆,晾干后经粉碎机粉碎成2～3 cm 的秸秆渣。

(2)于盛夏休田期间将上述秸秆渣均匀铺于地表,3～5 cm 厚,根据种植蔬菜种类及土壤肥力选择配合施用适量的有机肥及化肥。

(3)深翻,整地,做畦,覆盖地膜,膜下浇透水。

(4)如在设施栽培,则扣棚升温,保温2～

3周。

（5）凉棚播种或定植。

适用范围

适合北方保护地及夏季日照强烈的土壤连作区。

注意事项

蒜秸粉碎不宜过细，地膜覆盖紧密，有机肥以鸡、鸭粪等含氮量较高的为宜，腐解时间不宜过短，否则易烧苗。

技术来源：山东农业大学

咨询人与电话：巩彪，史庆华　0538-8249907

花椒籽饼熏蒸防治土壤根结线虫技术

技术目标

生物熏蒸是利用植物有机质在分解过程中产生的挥发性杀生气体抑制或杀死土壤中的有害生物的方法。中国是花椒生产大国,其种子可以用来榨油,从而产生大量花椒籽饼。花椒因含有丰富的挥发性物质而具有良好的杀虫效果。

技术要点

(1)于盛夏休田期间将花椒籽饼均匀铺于地表,1～2 cm 厚,根据种植蔬菜种类及土壤肥力选择配合施用适量的有机肥及化肥。

(2)深翻,整地,做畦,覆盖地膜,膜下浇透水。

(3)如在设施栽培,则扣棚升温,保温2～3 周。

(4)凉棚播种或定植。

适用范围

适合北方保护地及夏季日照强烈的土壤连

作区。

注意事项

地膜覆盖紧密，有机肥以鸡、鸭粪等含氮量较高的为宜，腐解时间不宜过短，否则易烧苗。

技术来源：山东农业大学
咨询人与电话：巩彪，史庆华　0538-8249907

蓖麻饼粕防治番茄根结线虫技术

技术目标

利用农业废弃物蓖麻饼箔防治设施蔬菜根结线虫，达到有效杀灭线虫的效果，且无毒安全。

技术要点

（1）取土 0.15 m 深，将蓖麻饼粉按 2%（w/w）的比例与土壤混合均匀，然后回填到育苗床内，浇透水，待水渗下后播种。育苗可设小区，每小区播种 400 粒，距离 4 cm×4 cm，单粒播种。

（2）定植前，取土 0.20 m 深，将蓖麻饼粉按 2%（w/w）的比例与土壤混合均匀，然后回填到栽培畦内浇透水，3～5 天后即可定植。行株距25 cm×20 cm，当地常规管理即可。

（3）蓖麻饼粕含较高的有机质和氮磷钾，还含有充足的微量元素。把蓖麻饼粕作为有机肥料施用，可以有效提高土壤有机质含量，通过土壤中微生物的发酵作用，蓖麻饼中的有毒成分会降解，不会造成土壤污染。利用蓖麻饼粉防治根结线虫是安全无污染的有效措施，且施用蓖麻饼粉的地块可不再使用其他有机肥。

（4）采用的蓖麻饼粉属于热榨工艺榨油饼粕，毒蛋白和血球凝集素含量几乎为零。因此，有效杀灭线虫的成分为蓖麻碱。且蓖麻碱易溶于水，较小颗粒（20目）的蓖麻饼粉遇水后，蓖麻碱被溶解出来并均匀分布在土壤中，起到杀灭线虫的效果。

（5）1%～3%含量的蓖麻饼粉不仅可以有效杀灭根结线虫，而且对番茄生长安全。综合考虑杀虫效果、经济投入及有机肥施用量，建议按照2%的比例处理比较恰当，即4 t/亩的用量较为适宜。

适用范围

根结线虫为害地区。

蓖麻饼粕防治番茄根结线虫前

蓖麻饼粕防治番茄根结线虫后

注意事项

配合抗性品种效果更佳。

技术来源：山东省农业科学院蔬菜花卉研究所
咨询人与电话：杨宁　0531-66659230

设施根结线虫微生物防治技术

技术目标

根结线虫是分布最广、危害最严重的植物寄生线虫，导致蔬菜产量降低 30%～50%，严重则可减产 75% 以上。采用微生物防治技术，可以有效预防其危害。

技术要点

（1）淡紫拟青霉：每亩穴施 2 亿孢子 /g 的淡紫拟青霉粉剂 1.5～2 kg；或沟施 5 亿孢子 /g 的淡紫拟青霉颗粒剂 2.5～3.5 kg；或灌根 2 亿孢子 /g 淡紫拟青霉，果菜整个生育期灌根 2～3 次。

（2）阿维菌乳油：1.8% 阿维菌乳油，按照每亩 1.0～1.2 kg 用量灌根；5% 阿维菌乳油，按照每亩 0.3～0.4 kg 灌根。施用 3 年后，换用其他生防药剂。

（3）淡紫拟青霉与枯草芽孢杆菌的混合菌剂：植株定植后随水滴灌混合菌剂，每千克土壤施用 1 亿 /mL 菌剂 50～100 mL，滴灌后及时覆盖土层，保证菌剂不见光，不受高温影响，病害严重的温棚，滴灌 3 个月后滴灌第二次。

注意事项

微生物菌剂应保存在阴凉、干燥、通风的库房内，不得暴晒雨淋；液体型菌剂可保存 3 个月，粉剂及颗粒状可保存 6 个月，保质期过后可将菌剂进行活化处理。

应用效果

本技术防治效果显著，可使田间根结线虫减少 50%～70%，作物可增产 30% 以上，大大提高温棚收益。

技术来源：宁夏大学农学院园艺组
咨询人与电话：张雪艳　15202682691

设施土壤次生盐渍化生物修复技术

技术目标

设施蔬菜栽培过程中，不当的田间管理与不合理的施用肥料，导致土壤养分比例失调、养分富集，土壤出现次生盐渍化问题，致使蔬菜死苗、病虫害加重，产量下降，有效的生物修复可以大大提高土壤质量，实现增产增效。

技术要点

（1）填闲作物种植：夏季休闲期，种植大豆、玉米、甜玉米、小麦、苏丹草、燕麦、苜蓿、大葱、茼蒿、小白菜、苋菜等，种植作物生物量累积越大，降盐效果越好。甜玉米的种植可选择生育期短的品种，其中种植 50～60 天，土壤 EC 可降低 20% 左右。

（2）作物轮作：土壤 EC>1.0 ms/cm，在 5—10 月进行菜—稻轮作；EC<0.5 ms/cm 土壤，进行果菜类与叶菜类或豆类轮作，黄瓜—豇豆、芹菜，番茄—芹菜 / 豇豆轮作。

（3）动物修复：在休闲且不喷洒农药期间，

深旋土壤灌水，当土壤含水量达田间最大持水量的 60% 左右，田间每亩放置 60～100 kg 蚯蚓，并用土层覆盖 5～10 cm，保持温度 20～27 ℃；或利用蚯蚓肥（蚯蚓处理后的牛粪、羊粪、鸡粪、植株残体）每亩 2 000～3 000 kg 还田。

应用效果

填闲作物种植土壤 EC 值下降 20% 左右，作物轮作 EC 值可降低 33%～55%，动物修复改善 EC 值 38% 左右。本技术可提高土壤质量，实现绿色环保修复，促进设施土壤的可持续利用。

技术来源：宁夏大学农学院园艺组
咨询人与电话：张雪艳　15202682691

设施环境改善技术

设施冬季增温技术

技术目标

日光温室冬季夜间能量损失70%出自前屋面，通过日光温室前屋面的内或外保温双覆盖，极大提高北方冬季室内温度，使蔬菜安全越冬。

技术要点

（1）全封闭二道幕。采用拱形封闭内置保温幕，利用卧立式双轴输出减速电机为主动力，带动两侧的卷轴转动使保温幕缓慢收放，在外部装有正反转开关和限位开关来控制保温幕的铺卷和停止。配套有自动铺卷系统，可进行智能化操作，在对时间控制电板进行时间参数的设置后，启动系统后实现无人操作。采用 PE 膜内保温幕温室温度在寒冷夜间能提高 4.3 ℃。

（2）保温被外覆 PE 膜技术。传统保温被存在雨天渗水、冬季下雪结冰现象。通过将整张 PE 黑膜（内灰外黑）覆盖在传统保温被上，PE 黑膜顶部和下部提前用热粘合机粘合后穿绳固定；用压膜线每隔 2 m 将 PE 黑膜与原保温被压实；将 PE 黑膜与保温被一同在卷杆固定连成一体，随卷帘机上下卷放。采用保温被外覆 PE 黑膜技术，冬季晴天日光温室温室夜间最低气温平均升高 0.8 ℃；雪天夜间温室最低温度提高 2.6 ℃，可减小雨雪天气下温室温度下降幅度大对棚温的影响。

适用范围

北方冬季日光温室生产的地区。

注意事项

全封闭二道幕技术的内保温材料为无纺布或塑料薄膜。保温被外覆 PE 膜技术在大风多的地区慎用。

全封闭二道幕技术

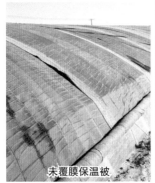
未覆膜保温被

覆膜后保温被

技术来源：宁夏大学农学院园艺组

咨询人与电话：张亚红　13995470960

设施冬季灌溉水加温地温提升技术

技术目标

灌溉水加温技术是通过灌溉水中加温，灌溉到土中的水引起土壤水热条件的改变，从而影响作物生长、养分吸收和产量。

技术要点

灌溉水温在 30~35 ℃时，土壤温度可基本控制在 20 ℃左右。利用太阳能热水器和电热水器提供热水，灌水过程中将热水和地下水在水箱内混掺，并根据实时监测的水温调整混掺比例，以使灌溉水温保持在设定范围内。

适用范围

本技术适用于太阳能资源或是电力资源充足地区的日光温室、塑料大棚、苗床等使用。

注意事项

灌溉水的温度范围需按照技术要点施行，灌溉水在为作物提供水分的同时也因灌溉水温度过低，会使作物产生呼吸作用等生理障碍，影响到作物的水分与养分吸收，从而影响到提高作物产量和质量的潜能。

温室灌溉水自动加热装置

技术来源：宁夏大学农学院园艺组

咨询人与电话：张亚红　13995470960

冬季蔬菜生产补光技术

技术原理

冬季日光温室生产常出现弱光、连阴天气，采用日光温室后墙张挂反光、吸热材料交换技术，有效缓解北部弱光问题；采用 LED 植物生长灯，在冬季揭苦前和放苦后补光，可有效提高蔬菜产量和品质；采用 LED 蓝光补光可防止病虫害。

技术要点

（1）日光温室增温补光的后墙张挂材料交换智能控制技术。在一日内能分阶段自动收放后墙增光保温材料的装置：在光合作用强的上午 9—11 时和午后 15—17 时两时段，后墙张挂反光幕提高种植区光照；中午 11—15 时，张挂吸热材料后墙集中蓄热提高墙体温度；后半夜，温度急剧降低时（0 时），材料收起墙体吸放热。收放时间采用微控制器控制实现。此技术能够极大地缓解日光温室补光和增温的矛盾。反光幕有补光效果，平均增加光照强度 13%～16%，黑色膜有一定增温增湿效果，平均增加墙体温度 2～5 ℃。

（2）红蓝配比 7：1 的 LED 灯对黄瓜种子发芽、幼苗生长促进技术。红光照射下种子发芽率最高，高于自然光 25.9%，且随着复合光中红光比例的增加，黄瓜种子发芽率和发芽指数都在增加，幼苗的株高，鲜重、干重、根长等指标显著优于自然光。

（3）日光温室植物生长灯促进甜瓜生长发育技术。LED 植物生长灯，在跨度为 9 m 的日光温室沿南北方向安装 2 行，每个灯之间间隔 3 m，补光灯离植物距离保持在 0.3 m，高度可调。在冬季揭苫前补光 4 h，放苫后补光 3 h，可以有效增加甜瓜单果重，提高甜瓜产量和品质。

适用范围

北方冬季日光温室生产的地区。

注意事项

日光温室增温补光的后墙张挂材料交换智能控制技术，50 m 长日光温室正常使用，超过 50 m 时，经常调整材料以免卷斜。

装挂黑色材料墙体蓄热

装挂反光材料补光

夜间收起材料墙体放热

反光和黑色材料交换

LED植物补光灯

技术来源：宁夏大学农学院园艺组

咨询人与电话：张亚红　13995470960

夏季蔬菜生产遮光技术

技术目标

在番茄露地生产过程中，夏秋季节北方一些地区光照强度高于番茄光饱和点约2倍，使番茄果实出现日灼现象，外观受损影响商品性。采用遮阳率60%的遮掩网空中覆盖技术，能减少日灼果率，提高越夏番茄的产量和品质。

技术要点

露地可移动式遮阳系统，包括装配式骨架、遮阳网、驱动装置、传动装置、控制装置等，传动装置设置在装配式骨架上，装配式骨架的下端埋设在土壤中，若干装配式骨架呈网格状排布在田地中，控制装置与驱动装置电性连接，传动装置的一端与驱动装置连接，传动装置的另一端与遮阳网的一端固定连接，遮阳网的另一端与装配式骨架固定连接，控制装置通过控制驱动装置对遮阳网进行打开或闭合操作。通过控制系统控制遮阳网的打开或闭合，避免了因为强光照射导致番茄被灼伤，提升了番茄的品质，净光合速率提高 12.5%，日灼病发生率下降 17.8%，番茄的色泽更红润，外观更好。

适用范围

北方夏季高光照的地区，且露地生产越夏番茄，用于防日灼。

注意事项

遮阳网关闭后的走势要和当地盛行风向一致。

技术来源：宁夏大学农学院园艺组

咨询人与电话：张亚红　13995470960

西北硬水地区无土栽培营养液调酸技术

技术目标

无土栽培中营养液为作物提供营养和水分，供作物生长发育。同时，它的 pH 值直接影响到了作物的生长发育。大多数蔬菜生长的适宜 pH 值为 5.5～6.5，而宁夏硬水区原水的 pH 值多在 7 以上，有的达到 9。硬水中钙、镁化合物过多，会抑制植株对氮、磷、钾等元素的吸收，影响果实品质、产量等。所以，将营养液调酸至 pH 值 6.5，是西北硬水区无土栽培中必不可少的。

技术要点

（1）化验水质：用于无土栽培的水质在使用前先化验分析，如果 pH 值大于 8.5、Ca^{2+} 大于 100 mg/L、Mg^{2+} 大于 50 mg/L、Cl^- 大于 250 mg/L、Na^+ 大于 150 mg/L，不宜用于无土栽培，或进行净化后使用。

（2）配制营养液：经化验可以用于无土栽培的水质，根据栽培蔬菜种类不同，按配方配制营养液，配好后测定营养液的 pH 值，如果大于 6.5，则需要调酸。

（3）确定用酸种类：蔬菜无土栽培营养液调酸多用硫酸、磷酸、硝酸，其中磷酸和硝酸配合使用效果好，但因为硝酸根、磷酸根能被植物吸收，需要在营养液配制时减去硝酸根、磷酸根用量，计算起来较为麻烦。在实践中使用分析纯的浓硫酸也能达到较好的效果，且价格低，因此，多选用分析纯的浓硫酸调酸。

（4）确定用酸量：现将浓硫酸配制成 20% 的稀酸；用 3 个烧杯各取 1 000 mL 的营养液，放到磁力搅拌器上，加入搅拌子，再放入 pH 值计探头，用滴定管滴定，检测营养液 pH 值变化，当营养液 pH 值达到预定值时，记载所用酸量，重复 3 次，得到平均值。而后按照整个栽培系统营养液量推算出所用稀硫酸量，缓慢倒入营养液池中，开启水泵进行循环，避免溶液局部浓度过高造成沉淀。

适宜地区

西北硬水地区蔬菜无土栽培。

注意事项

如果配制营养液的原水中硫酸根离子过高，宜采用磷酸和硝酸配合调酸。

技术来源：宁夏大学农学院园艺组
咨询人与电话：高艳明　13369513605

番茄采后商品化处理及
冷链运输操作技术

技术目标

采用番茄采后处理及冷链贮运标准化技术，将有利于番茄物流的标准化、信息化建设，为广西番茄产业的健康发展助力。

技术要点

1.采收和分级

根据农药使用安全间隔期的要求或现场对产品进行检测合格后，选择晴天气温较低时或在午后时间段采收，果实应具有该品种特有的形状和色泽。采用自动分选机或人工分选等方法进行分级，然后人工清洗或机械清洗。

2.包　装

用塑料周转箱或瓦楞纸箱，包装箱规格应便于番茄的摆放、装卸和运输，与托盘、运输工具等物流设施相配套。将同一等级的番茄放置在同一包装箱内，气候干燥季节箱底部和两个长面要衬上湿润的草纸，防止失水，每箱重量一致，且将箱口封牢。

3. 预　冷

可用冷库预冷或差压预冷。冷库预冷时，温度调到 2～5 ℃，相对湿度 90% 以上。将装有番茄的包装箱顺着冷库冷风的流向码放成排，箱与箱之间应留出 5 cm 缝隙，每排间隔 20 cm，箱与墙壁之间应留出 30 cm 的风道。箱的堆码高度不得超过冷库吊顶风机底边的高度。预冷时间 20～24 h，预冷应使箱内番茄温度达到 15 ℃ 以下。

差压预冷时，预冷库温度调到 2～5 ℃，相对湿度 90% 以上。将封好的装有番茄的包装箱放置于预冷通风设备前，使纸箱有孔两面垂直于进风风道，并使每排纸箱开孔对齐。风道两侧箱要码平，箱码好后，应将通风设备的油布打开，平铺盖在箱上，侧面要贴近箱垂直放下，防止漏风。启动压差预冷通风系统和制冷系统，番茄温度降到 10 ℃ 时，关闭压差预冷通风系统，保持 10 ℃ 温度。压差预冷时间 2～5 h。根据不同差压预冷设备的大小，确定每次预冷量。

4. 短期贮藏

预冷后如暂未运输，可继续放置于预冷库中，或转移到其他冷库贮藏。在入库前 1～2 天开机降温，使库温降至 12 ℃±1 ℃，湿度控制在

90%～95%。将应按产地、批次、品种、等级和规格分类入库存放。堆垛的走向、排列方式应与库内空气循环方向一致，垛底加 10～20 cm 的垫层（如托盘等）。垛与垛间、垛与墙壁间应留有 40～50 cm 间隙，码垛高度应低于蒸发器的冷风出口不少于 50 cm。靠近蒸发器和冷风出口的部位应覆盖防冻。期间要定时观测记录贮藏温度、湿度，适时对贮藏库进行通风换气，保持库内的气流应畅通。

5. 运 输

运输时间在 10 h 以内可用保温车，温度控制在 18 ℃以下。运输时间超过 10 h，或外界气温超过 30 ℃、运输时间超过 8 h，应用冷藏车运输，温度控制在 12 ℃。装卸车时应轻拿轻放，防止机械损伤，运输过程中避免重压、雨淋、长时间暴晒，保持通风、干燥，不得与其他有毒、有害、有异味的物品混运。

适用范围

适用于广西地域范围内番茄的采后商品化处理和冷链运输。

注意事项

（1）番茄产品污染物限量应符合 GB 2762

《食品安全国家标准 食品中污染物限量》的规定，农药最大残留限量应符合 GB 2763《食品安全国家标准 食品中农药最大残留限量》的规定。

（2）塑料周转箱应符合 GB/T 5737《食品塑料周转箱》的规定，瓦楞纸箱应符合 GB/T 6543《运输包装用瓦楞纸箱和双瓦楞纸箱》的规定。包装箱标识应符合 NY/T 1655《蔬菜包装标识通用准则》的规定。

（3）番茄贮藏后出库的质量应符合 NY/T 940《番茄等级规格》的规定。

番茄分级

技术来源：广西农业科学院蔬菜研究所，广西百色市现代农业技术研究推广中心

咨询人与电话：黄如葵 0771-3245200

病虫害防控技术

植物农药 GC16-1（粉螨平 1 号）防治红蜘蛛技术

技术目标

由内蒙古乌兰察布市慧明科技开发有限公司关慧明研究员研制出的纯正植物农药 GC16-1（粉螨平 1 号），红蜘蛛（茶黄螨）3 h 灭杀率达到 90% 以上。

技术要点

在植株刚刚进入结果期，生长旺盛也是红蜘蛛高发的时期，在傍晚采用叶背喷施适宜浓度的植物农药 GC16-1（粉螨平 1 号），其对日光温室中的茄子、番茄、辣椒、黄瓜、甜瓜上的红蜘蛛进行防治，该植物农药在红蜘蛛的击倒时间、灭杀效率和药效持续时间均优于目前国内常用的阿维菌素、啶虫脒和哒螨灵等生物、化学药剂，在第二天检测红蜘蛛的灭杀率达到 90% 以上，3 天后再次施用，可基本消灭红蜘蛛的危害，且在用药后 1 天检测，没有任何农药残留。

适用范围

适用于粮食、蔬菜、果树、花卉等多种作物。

喷 GC16-1（粉螨平 1 号）5 h 后红蜘蛛开始向叶片某一处集中

喷 GC16-1（粉螨平 1 号）24 h 后红蜘蛛呈现聚集性死亡

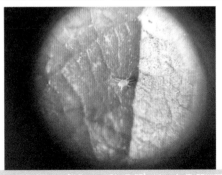
喷 GC16-1（粉螨平 1 号）5 h 后红蜘蛛死亡，红蜘蛛四肢主触角完全伸展，腹部紧贴叶表面，2 天后变为棕黄色

注意事项

因是纯植物制剂，一定要在配制前摇匀再使用，以免有上下分层的浓度不同，对叶片造成药害；不要在高温期施用，不要超浓度施用。

技术来源：内蒙古乌兰察布市慧明科技开发有限公司

生物农药 GC16-1（粉螨平 1 号）防治白粉病技术

技术目标

保护地瓜类蔬菜在夏秋季节白粉病重且用化学农药不仅难以防治，有些药剂出现抗药性强的特点，成为保护地蔬菜中的重要病害。针对这些特点，开发 GC16-1（粉螨平 1 号），以达到彻底清除白粉病的目的。

技术要点

在黄瓜叶片上已经明显看到白粉病的病斑时，喷施 C16-1，达到流水状态为止。选用醚菌酯、卡拉生等化学药剂以及清水进行对比试验结果表明：苦参碱对白粉病的抑制周期为 5 天，卡拉生对白粉病的抑制周期为 3 天，GC16-1 对白粉病的抑制周期为 12 天。GC16-1 在防治效果、药效持续时间及安全性上均表现出显著优势。在内蒙古呼和浩特市、丰镇市，黑龙江省绥化市等多地，对大棚的黄瓜、西葫芦、番茄等作物进行了防效

试验，GC16-1 对白粉病达到 100% 的防效。

适用范围

蔬菜、果树、花卉等作物。

注意事项

要采用喷雾性能好的喷药机，使配施的药剂能冲掉白粉层，并形成保护膜。

GC16-1（粉螨平 1 号）对黄瓜白粉病的防治效果实验

GC16-1（粉螨平 1 号）对番茄白粉病的防治效果实验

GC16-1（粉螨平 1 号）防治白粉病药效持续性实验

　　技术来源：内蒙古乌兰察布市慧明科技开发有限公司

GC16-8（斑潜平）防治
斑潜蝇技术

技术目标

针对斑潜蝇在葫芦科、菊科、豆科、十字花科、伞形科、茄科等作物上的危害，造成减产甚至绝收的状况，在 GC16-1（粉螨平1号）研究的基础上又研究出 GC16-8（斑潜平），可有效控制斑潜蝇的发生和危害。

技术特点

2018年，在先前的研究基础上，关慧明研究员又将其改进，选用纯植物配方，不仅保持了原有的杀虫率，且杀虫时间缩短到4 h，实现了对斑潜蝇的高效生物防治。2018年5月2日，乌兰察布市兴和县衙门号乡的10栋智能温室黄瓜斑潜蝇的发生率100%，幼虫虫情指数43%，喷施GC16-8（斑潜平）后第三天，斑潜蝇就得到了有效控制。

适用范围

蔬菜作物。

注意事项

采用喷雾性能好的喷药机，傍晚期喷施叶背及土表，不可随意加大药量。

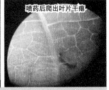

GC16-8（斑潜平 8 号）对斑潜蝇幼虫的作用效果实验

技术来源：内蒙古乌兰察布市慧明科技开发有限公司

GC16-4（蓟平4号）防治蓟马技术

技术目标

蓟马是食性复杂，能够以植物或真菌为食，且有一定的捕食行为，化学药剂防治效果不佳。2017年关慧明团队研制出GC16-4（蓟平4号）生物制剂，实现对蓟马的高效触杀。

技术特点

2017年8月，呼和浩特市赛罕区金河镇格尔图村温室茄子发生蓟马，受害的植物叶片边缘发黄、卷曲，植株体皱缩，农民误将此现象判断为缺钙，多次补肥收效不大。通过使用GC16-4（蓟平4号）生物制剂，蓟马虫害被抑制，茄子恢复生长，秋天时产量达6 000 kg。该制剂蓟马杀虫率达90%以上，杀卵性能出色，能够有效控制蓟马群体数量，且不产生抗药性，安全无毒。

适用范围

适用于粮食、蔬菜、果树、花卉等多种作物。

注意事项

不要在高温期喷药，药液要摇匀后施用。

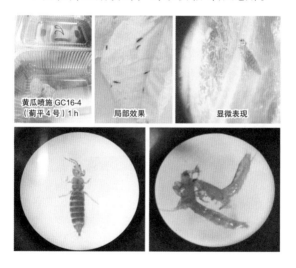

黄瓜喷施 GC16-4
（蓟平 4 号）1 h　　局部效果　　显微表现

　　技术来源：内蒙古乌兰察布市慧明科技开发
有限公司

光合细菌防治蔬菜苗期土传病害

技术目标

针对当前土传病害严重，制约蔬菜产业发展的问题，采用来自极端环境的微生物光合细菌发酵液应用于苗期，对土传病害具有较好的防效，处理方法多样，操作简单易行，后续作用效果明显，能显著降低化学农用品的投入，提高蔬菜产量与品质。

技术要点

1. 苗期使用技术

在设施大棚育苗、营养钵育苗和大田育苗秧苗期、田间定植，以及移植后苗期，施用光合细菌预防和控制土传病害（立枯病、猝倒病、疫病和白绢病等）的发生和流行。根据不同蔬菜作物和生长期病害发生和流行规律，决定施用浓度和使用方法。

茄科作物 3 叶 1 心至 5 叶 1 心期施用 300～500 倍稀释液，每亩使用发酵液 60 kg，连续喷施 3 次，每次间隔 7 天；在田间定殖时期施用 300～400 倍稀释液浸泡秧苗 1 h，然后移栽；在移植后苗期，在发病前或初期使用 200～350 倍液均匀喷施植株叶面，每亩使用发酵液 60 kg，连续喷施 3 次，每次间隔 7 天。

2. 定植后使用技术

如辣椒在定植后可采用 200～350 倍液均匀喷施植株叶面，每亩使用发酵液 60 kg，连续喷施 3 次，每次间隔 7 天；或者采用 150～250 倍稀释液淋蔸处理植株，每株 10 mL，连续施 2 次，每次间隔 10 天。必要时根据情况，适当增加使用次数。

3. 种子处理技术

对带菌的种子进行处理，预防和控制土传病害（疫病、青枯病、枯萎病等）的发生和流行。根据不同蔬菜种子的带菌率、带菌程度和病菌种类决定使用浓度和使用方法。

如黄瓜种子首先用自来水清洗种子 3 次，每次 5 min，然后用光合细菌发酵液 200 倍液浸泡种子 6～8 h，取出种子进行正常发芽处理。辣椒种子用上述方法处理 4～6 h，取出种子进行正常发芽处理。

4. 苗床营养土处理技术

对育苗使用的一般土壤，根据土壤连作情况、

299

带菌程度、病菌种类决定使用浓度和使用方法。如常年发病严重而且连作率高的土壤，处理土壤时先使用光合细菌培养基伴土，待培养基被土壤吸收后（1 h）再使用 100 倍发酵液均匀喷施，每平方米喷施发酵液 2 kg，或者使用发酵原液伴土使土壤湿润，然后用塑料膜覆盖，让土壤充分发酵 4～5 天，然后揭开薄膜，进行翻耕、播种或种植。

5. 技术构成

使用光合细菌浓度：光合细菌发酵 4～5 天时，利用分光光度计测定 OD600 值，与标准对照，在光合细菌浓度达到 $1×10^9$ 时可以使用。

土壤和种子病原物带菌种类检测：利用试剂盒抽提土壤微生物总 DNA 或种子总 DNA，根据常见土传病害设计特异性引物，利用 AFLP-PCR 初步检测土壤和种子带菌种类；便于根据病原物种类确定使用技术和使用方法。

微生物基质或生物载体配备和优化：为使光合细菌很好定殖田间，后续发挥作用，在使用前喷施一定的微生物基质或生物载体，主要是微生物培养基和生长基质，按照一定比例稀释喷施，然后使用光合细菌发酵液。

光合细菌土壤定殖情况检测：光合细菌土壤

定殖是衡量效果和后续作用的重要指标，根据土壤状况不同，适当调节土壤 pH 值，在使用后第 7 天、第 14 天和第 21 天时，取样检测土壤光合细菌定殖情况，定殖情况不理想，必须补施。

与农药配套使用：光合细菌主要预防病害发生，在一定程度上控制病害传播，但在田间病害发生严重时因生物防治见效慢，建议使用生物农药或高效低毒化学农药进行配套使用，控制病害流行。

适用范围

适用我国南北方全年设施蔬菜育苗、生产或裸地蔬菜种植区。

注意事项

（1）蔬菜种子在浸泡之前最好使用表面消毒剂处理，最大化减少表面病原微生物；严格选择发酵液剂量，浸泡时间不宜超过 20 h。

（2）营养钵育苗和土壤处理时加入适当的土壤定殖基质或微生物载体（培养基），以便于微生物更好定殖和后续效应放大。

（3）喷施时期尽可能在蔬菜秧苗 2 叶 1 心至 5 叶 1 心期喷施，严格浓度，以防过度抑制或促进生长，造成弱苗等不正常现出现。

（4）不要直接与农药混合使用，以免失去作用效果；不在正午阳光直射或者早晨露水很重时喷施。

（5）在苗期或田间定植期喷施，若喷施后 4 h 内遇雨，在雨后 24 h 之内进行补施。

技术来源：湖南省植物保护研究所
咨询人与电话：谭新球　0731-84696538

其他生产技术

胡萝卜机械化编带播种技术

技术目标

胡萝卜编带播种技术是指将种子用水溶性带状纸包裹，通过专用的编带机，将种子按设定的间距和粒数封装在其中，并缠绕成卷，再将编制好的种绳按设定的深浅度进行机械播种的技术。结合胡萝卜直播式播种机及编带播种技术及挖起过程机械化与人工装袋，实现了胡萝卜收获的半自动化。

技术特点

种带制作时种子间距即株距（穴距）3 cm—3 cm—6 cm，每穴1粒种子。使用胡萝卜编带播种技术，每亩的用种量为120 g，每亩节约种子40%。降低种子成本约35%。胡萝卜直播式播种机可节省籽种用量28%，人工成本节省30%；气吸式播种机可节省籽种用量50%，节省人工50%。目前各项技术已在乌兰察布地区全面推广，播种机在乌兰察布市察右中旗示范种植1 000亩。

适用范围

沙壤土的胡萝卜种植区。

注意事项

土地平整，有喷滴灌条件下使用。

编织带播种技术：用种子编织机将胡萝卜、洋葱种子按一定间距编织在可溶性纸带里

播种机将种带播入土壤

播种时用播带机将编织好的种子带播入土中。此机械的优点是提高了工作效率且苗均匀整齐、适宜标准化种植

技术来源：内蒙古乌兰察布市慧明科技开发有限公司

温室冬季二氧化碳施肥技术

技术目标

高寒地区（北纬40°以上地区）在日光温室中冬季茄果类蔬菜正常生长要求的 CO_2 为 500～1 000 mg/kg，而冬季温室由于通风换气比较少，CO_2 往往低于 200 mg/kg，为使作物正常生长且保证其品质，需补充二氧化碳叶面肥。该技术能保证冬季温室作物的正常生产，达到高产优质。国家发明专利的新型"CO_2 发生器"已在生产上大面积应用。

技术要点

该 CO_2 发生器采用热分解碳酸氢铵的方法制成。分解后的气体用水过滤，利用氨气易溶于水、二氧化碳的水溶性差的特点，将氨气转化为氨水当氮肥利用，二氧化碳释放到温室中。2014 年 12 月 1 日，在温室中用塑料膜将温室分为密闭的面积相等的两部分（每部分约 0.2 亩）进行试验，用二氧化碳发生器每天释放 2 000～2 500 mg/kg 的 CO_2，其茄子增产 50% 以上。

适用范围

北方地区冬季温室及早春冷棚。

注意事项

需要在打开棉被的 1 h 后施用，施用时间约 1 h。

技术来源：内蒙古乌兰察布市慧明科技有限公司